广东省"十四五"职业教育规划教材

ICT建设与运维岗位能力培养丛书

信创服务器操作系统 的配置与管理（麒麟版）

曾振东　黄君羡　欧阳绪彬　主　编

正月十六工作室　组　编

电子工业出版社

Publishing House of Electronics Industry

北京·BEIJING

内 容 简 介

本书围绕系统管理员、网络工程师等岗位对 Kylin 系统及网络服务管理核心技能的要求，引入行业标准和职业岗位标准，以基于 Kylin 系统构建的网络主流技术和主流产品为载体，引入企业应用需求，将 Kylin 系统基础知识和服务架构融入各项目任务中。

本书设计的项目取材自真实企业网络建设工程项目，是针对中小型网络建设与管理中涉及的技术技能，加以提炼而来的。项目包括企业服务器操作系统选型、使用 Shell 管理本地文件、管理信息中心的用户与组、Kylin 系统的基础配置、企业内部数据存储与共享、部署企业的 DHCP 服务、部署企业的 DNS 服务、部署企业的 Web 服务、部署企业的 FTP 服务、部署企业的 Squid 服务、部署企业的邮件服务、部署 Kylin 系统服务器防火墙。

本书配备了电子课件、微课、课程标准、课后习题等教学资源，适合网络技术人员、网络管理和维护人员、网络系统集成人员阅读和使用，同时可作为高职高专和应用型本科院校相关专业的教学参考用书。

图书在版编目（CIP）数据

信创服务器操作系统的配置与管理：麒麟版 / 曾振东，黄君羡，欧阳绪彬主编 . -- 北京：电子工业出版社，2022.12
ISBN 978-7-121-44768-6

Ⅰ . ①信… Ⅱ . ①曾… ②黄… ③欧… Ⅲ . ①操作系统—教材 Ⅳ . ① TP316

中国版本图书馆 CIP 数据核字（2022）第 245985 号

责任编辑：李　静　特约编辑：付　晶
印　　刷：北京雁林吉兆印刷有限公司
装　　订：北京雁林吉兆印刷有限公司
出版发行：电子工业出版社
　　　　　北京市海淀区万寿路 173 信箱　邮编　100036
开　　本：787×1092　印张：16　字数：410 千字
版　　次：2022 年 12 月第 1 版
印　　次：2025 年 1 月第 6 次印刷
定　　价：49.80 元

前　言

　　麒麟软件是我国首批研发国产操作系统的公司，其开发的麒麟操作系统（简称 Kylin 系统），作为国产操作系统的代表，近年来以绝对的优势占有国产操作系统大部分市场份额。近年来，我国加快推进信息创新建设工作，政府、教育、金融、交通等部门率先大量引入国产操作系统，预计"十四五"时期，各 IT 行业将大规模使用国产操作系统，以增强我国基础软件的自主可控和网络信息安全。掌握 Kylin 系统的安装、配置和维护技能是 Kylin 网络系统管理员的必备技能之一。

　　"正月十六工作室"集合 IT 厂商、IT 服务商、资深教师组成教材开发团队，聚焦产业发展动态，持续跟进 ICT 岗位需求变化，基于工作过程系统化开发项目化课程和立体化教学资源，旨在打造全球最好的网络类岗位能力系列课程，让每个网络人都能快速培养职业能力，持续助力职业生涯发展。

　　本书采用最容易让学习者理解的方式，通过场景化的项目案例将理论与技术应用密切结合起来，让技术应用更具画面感，通过标准化业务实施流程熟悉工作过程，通过项目拓展进一步巩固业务能力，促进学习者养成规范的职业行为。全书通过 12 个精心设计的项目案例，让学习者逐步地掌握基于 Kylin 系统的管理与配置，成为一名准 IT 系统管理工程师。

　　本书极具职业特征，有如下特色。

　　1. 课证融通、校企双元开发

　　本书由高校教师和企业工程师联合编写。本书中关于 Linux 服务的相关技术及知识点导入了麒麟服务技术标准和麒麟认证考核标准；本书项目导入了荔峰科技、中锐网络等服务商的典型项目案例和标准化业务实施流程；高校教师团队按高职网络专业人才培养要求和教学标准，考虑学习者的认知特点，将企业资源进行教学化改造，形成工作过程系统化教材，本书内容符合 IT 系统管理工程师岗位技能培养要求。

　　2. 项目贯穿、课产融合

　　递进式场景化项目重构课程序列。本书围绕 IT 系统管理工程师岗位对 Kylin 系统部署项目实施与管理核心技术技能的要求，基于工作过程系统化方法，按照 TCP/IP 协议由低层到高层这一规律，设计了 12 个进阶式项目案例。将 Kylin 系统管理与网络服务知识碎片化，按项目化方式重构，在每个项目中按需融入相关知识。与传统教材相比，学习者通过进阶式项目的学习，不仅能掌握与系统管理相关的知识和技能，还能获取知识的应用场景和项目实施的业务流程与职业素养，更能接近 IT 系统管理工程师的岗位能力要求。

用业务流程驱动学习过程。课程项目按企业工程项目实施流程分解为若干工作任务。通过项目描述、项目分析、相关知识为任务学习做铺垫；项目实施过程由任务规划、任务实施和任务验证构成，符合工程项目实施的一般规律。学习者通过 12 个项目案例的渐进学习，逐步熟悉 IT 系统管理工程师岗位中 Kylin 系统配置与管理知识的应用场景，熟练掌握业务实施流程，养成良好的职业素养。

3. 实训项目具有复合性和延续性

考虑企业真实工作项目的复合性，工作室精心设计了课程实训项目。实训项目不仅考核与本项目相关的知识、技能和业务流程，还涉及前序知识与技能，强化了各阶段知识点、技能点之间的关联，让学习者熟悉知识与技能在实际场景中的应用。

本书若作为教学用书，参考学时为 44~78 学时，各项目的参考学时如表 0-1 所示。

表 0-1　学时分配表

内容模块	课程内容	学　时
服务器基础配置	项目 1　企业服务器操作系统选型	2~4
	项目 2　使用 Shell 管理本地文件	2~4
	项目 3　管理信息中心的用户与组	2~4
	项目 4　Kylin 系统的基础配置	2~4
基础服务部署	项目 5　企业内部数据存储与共享	4~6
	项目 6　部署企业的 DHCP 服务	4~6
	项目 7　部署企业的 DNS 服务	4~6
	项目 8　部署企业的 Web 服务	4~6
	项目 9　部署企业的 FTP 服务	4~6
高级服务部署	项目 10　部署企业的 Squid 服务	4~8
	项目 11　部署企业的邮件服务	4~8
	项目 12　部署 Kylin 系统服务器防火墙	4~8
课程考核	综合项目实训 / 课程考评（见附加教学资源）	4~8
课时总计		44~78

本书是新形态一体化教材，配套丰富的教学资源，包括电子课件、电子教案、源代码、课后习题答案、微课等，请有需要的师生到华信教育资源网下载，登录后可免费下载。同时，每个任务的微课以二维码形式展示，读者可以扫描后观看。

本书在编写过程中，参阅了大量的网络技术资料和书籍，特别引用了 IT 服务商的大量项目案例，在此对这些资料的贡献者表示感谢。

编　　者

2022 年 10 月

ICT 建设与运维岗位能力培养丛书编委会

目　　录

项目1 企业服务器操作系统选型

[学习目标]

（1）了解 Kylin 系统及其企业应用场景；

（2）了解企业如何选择合适的操作系统；

（3）掌握如何安全地获得企业级 Kylin 系统；

（4）了解企业常用的 Kylin 系统安装方式；

（5）掌握 Kylin 系统的安装过程。

 项目描述

随着 Jan16 公司业务发展，服务器资源日趋紧张，原先租赁的网络系统服务也即将到期。Jan16 公司为保障公司运营更加安全、稳定，拟在公司数据中心机房搭建自己的网络服务平台。为此，公司新购置了一批服务器，现需为这批服务器安装 Kylin 系统。

公司让实习生小锐尽快了解 Kylin 系统，并将 Kylin 系统安装到新购置的服务器上。

 项目分析

Kylin 系统基于 Linux 内核，提供高效简洁的人机交互、美观易用的桌面应用、安全稳定的系统服务，是真正可用和好用的国产自主操作系统。小锐需要在开源平台下载 Kylin 服务器版本系统镜像文件，并部署到服务器上，涉及以下工作任务。

安装 Kylin 系统。

 相关知识

1.1 Linux 概述

Linux 是一种免费使用和自由传播的类 UNIX 操作系统。因为 UNIX 商业化的影响，

理查德·马修·斯托曼（Richard M. Stallman）在 20 世纪 80 年代发起了自由软件运动（GNU 运动），所谓软件自由是指：自由使用、自由学习和修改、自由分发、自由创建衍生版。但 GNU 运动在囊括了一大堆软件的时候才意识到遇到了大麻烦，GNU 系统内核项目迟迟不能令人满意。直到 1991 年，林纳斯·本纳第克特·托瓦兹（Linus Benedict Torvalds）带着他的 Linux 闪亮登场，给 GNU 运动画上了一个完美的句号。于是 Linux 提供内核（kernel），GNU 提供外围软件，就这样 GNU/Linux 诞生了。

Linux 发展到至今，存在许多不同的版本，但它们都使用了 Linux 内核。Linux 可安装在各种计算机硬件设备中，如手机、平板电脑、路由器、视频游戏控制台、台式计算机、大型机和超级计算机。

严格来讲，Linux 操作系统指的是"Linux 内核 + 各种软件"的集合，Linux 这个词只表示 Linux 内核，但实际上人们已经习惯了用 Linux 来表示基于 Linux 内核，并且使用 GNU 工程各种工具和数据库的操作系统。

1.2　Linux 内核

Linux 的内核版本由 5 部分组成，如图 1-1 所示。

（1）主版本号；

（2）次版本号；

（3）末版本号；

（4）打包版本号；

（5）厂商版本。

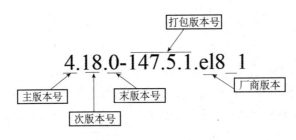

图 1-1　Linux 内核版本组成

1.3　Linux 发行版本

Linux 主要作为 Linux 发行版本（通常被称为"distro"）的一部分而使用。这些发行版本由个人、松散组织的团队，以及商业机构和志愿者组织编写。它们通常包括了其他的系统软件和应用软件，以及一个用来简化系统初始安装的安装工具，以及使软件安装升级的集成管理器。

一个典型的 Linux 发行版本包括：Linux 内核，一些 GNU 程序库和工具，命令行 Shell，图形界面的 X Window 系统和相应的桌面环境，如 KDE 或 GNOME，并包含数千种办公套件、编译器、文本编辑器等应用软件。

图 1-2 是一些常见的一些 Linux 发行版本，国内企业普遍采用 CentOS 发行版本，其次是 Ubuntu 发行版本。部分 Linux 发行版本介绍如下。

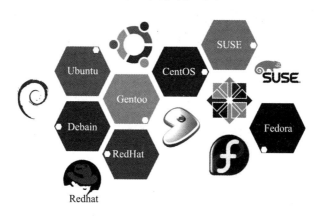

图 1-2　Linux 发行版本

（1）Red Hat：Red Hat Enterprise Linux，红帽企业 Linux，是 Red Hat 公司发布的面向企业用户的 Linux 操作系统。Red Hat Enterprise Linux 是现今最著名的 Linux 发行版本，Red Hat 不但创造了自己的品牌，而且有越来越多的人开始使用它的操作系统。

（2）CentOS：Community Enterprise Operating System，社区企业操作系统。它是 Red Hat Enterprise Linux 依照开放源代码规定释出的源代码编译而成的。

（3）Fedora：Fedora 作为一个开放的、创新的、具有前瞻性的操作系统和平台，允许任何人自由地使用、修改和重新发布。

（4）Mandrake：Mandrake 的目标是让工作尽量变得简单，Mandrake 的安装非常简单明了，并为初级用户设置了简单的安装选项，完全采用 GUI 界面。

（5）Debian：Debian 诞生于 1993 年 8 月 13 日，它的目标是提供一个稳定容错的 Linux 发行版本。Debian 以稳定性著称，虽然早期版本 Slink 存在小问题，但是现有版本 Potato 已经相当稳定。

（6）Ubuntu：Ubuntu 是一个以桌面应用为主的 Linux 发行版本，基于 Debian 发行版本和 Unity 桌面环境，每 6 个月会发布一个新版本。Ubuntu 的目标是为一般用户提供一类最新的，又相当稳定的，主要由自由软件构成的操作系统。

1.4　Kylin 系统简介

银河麒麟高级服务器操作系统（简称 Kylin 系统）是针对企业级关键业务，适应虚拟化、云计算、大数据、工业互联网时代对主机系统可靠性、安全性、高性能、扩展性和实时性等需求，依据 CMMI5 级标准研制的提供内生本质安全、云原生支持、自主 CPU 平台深入优化、高性能、易管理的新一代自主服务器操作系统，同源支持飞腾、鲲鹏、龙芯、申威、海光、兆芯等自主平台；应用于政府、金融、教育、财税、公安、审计、交通、医疗、制造等领域。基于 Kylin 系统，用户可轻松构建数据中心、高可用集群和负载均衡集群、虚拟化应用服务、分布式文件系统等，并实现对虚拟数据中心的跨物理系统、虚拟机集群统一的监控和管理。Kylin 系统支持云原生应用，满足企业当前数据中心及下一代虚拟化（含 Docker 容器）、大数据、云服务的需求，为用户提供融合、统一、自主创新的基础软件平台及灵活的管理服务。

1. 同源构建

同源构建支持 6 款自主 CPU 平台（飞腾、鲲鹏、龙芯、申威、海光、兆芯）。

2. 自主 CPU 平台深入优化

针对不同自主 CPU 平台在内核安全、RAS 特性、I/O 性能、虚拟化和国产硬件（桥片、网卡、显卡、AI 卡、加速卡等）及驱动支持等方面优化增强，以及提供工控机支持。

3. 虚拟化及云原生支持

优化支持 KVM、Docker、LXC 等虚拟化技术，以及 Ceph、GlusterFS、OpenStack、k8s 等原生技术生态，实现对容器、虚拟化、云平台、大数据等云原生应用的良好支持；提供新业务容器化运行和高性能可伸缩的容器应用管理平台。

4. 高可用性

通过 XFS 文件系统、备份恢复、网卡绑定、硬件冗余等技术和配套的磁盘心跳级麒麟高可用集群软件，实现主机系统和业务应用的高可用保护，对外提供可持续服务。

5. 可管理性

提供图形化管理工具和统一的管理平台，实现对物理服务器集群运行状态的监控及预警、对虚拟化集群的配置及管控、对高可用集群的策略定制和资源调配等功能。

6. 内生本质安全

构建基于自主软硬件和密码技术的内核与应用一体化的内生本质安全体系；自主研发内核安全访问统一控制框架 KYSEC、生物识别管理框架和安全管理工具；支持多策略融合的强制访问控制机制、国密算法、可信计算。

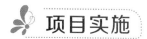 项目实施

扫一扫，
看微课

任务 1-1　安装 Kylin 系统

任务 1-1　安装 Kylin 系统

▶ 任务规划

Jan16 公司安装的 Kylin 服务器版本系统（以下简称 Kylin 系统）提供了完整的功能，经核查，新购置的服务器完全能满足 Kylin 系统对硬件的要求。新购置的服务器还未安装操作系统，小锐需要使用已下载 Kylin 系统安装文件的光盘，将系统安装到服务器上，包括以下步骤。

（1）设置 BIOS，让服务器从安装光盘引导启动。

（2）根据系统安装向导提示安装 Kylin 系统。

（3）创建普通用户 jan16 并登录测试。

▶ 任务实施

1. 设置 BIOS，让服务器从安装光盘引导启动

（1）启动服务器，进行 BIOS 设置，更改计算机的启动顺序，第一启动驱动器为光驱，并保存重启，如图 1-3 所示。

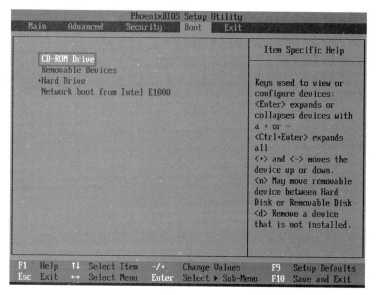

图 1-3　BIOS 设置

2. 通过 ISO 镜像文件安装 Kylin 系统

（1）重启计算机后，将 Kylin 系统的安装光盘放到光驱中，系统会自动加载如图 1-4 所示的安装程序，选择【Install Kylin Linux Advanced Server V10】选项。

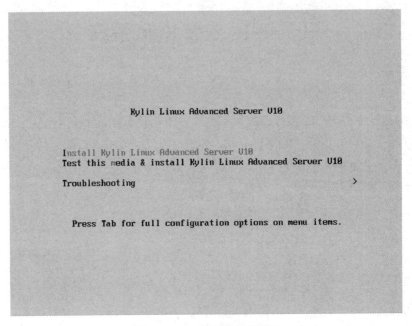

图 1-4 Kylin 系统安装界面

（2）选择所使用的语言，如图 1-5 所示，一般情况下，安装程序的默认语言选择【中文】→【简体中文】，单击【继续】按钮。

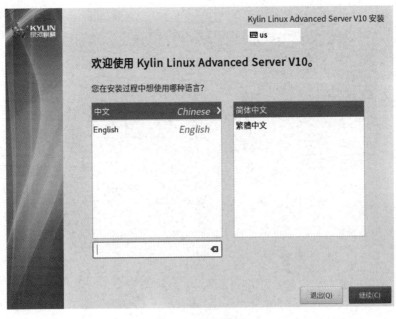

图 1-5 语言选择

（3）进入安装信息摘要界面，需要先完成带有【！】的选项再进行下一步操作，如图 1-6 所示。单击【系统】→【安装位置】，进入安装目标位置界面。

图 1-6　安装信息摘要界面

（4）选择安装目标位置，在本地标准磁盘中，选择要安装操作系统的磁盘，单击【完成】按钮，如图 1-7 所示，返回安装信息摘要界面。

图 1-7　安装目标位置界面

（5）在安装信息摘要界面，确认所有【！】选项都已解决，单击【开始安装】按钮，开始安装 Kylin 系统，如图 1-8 所示。

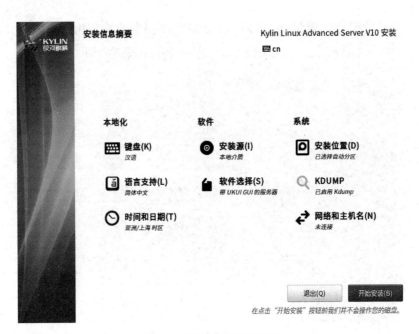

图 1-8　安装信息摘要界面

（6）在安装过程中，用户设置界面需要完成【Root 密码】和【创建用户】的内容，如图 1-9 所示。单击【Root 密码】选项，开始设置 Root 账户的密码。

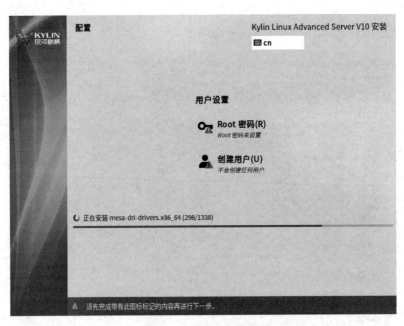

图 1-9　用户设置界面

（7）在 Root 密码界面，输入两遍 Root 密码，密码要求 8 位以上，必须包含数字、字母大小写、特殊字符三类字符，此处设置密码为【Jan16@123】，如图 1-10 所示，单击【完成】按钮，返回如图 1-9 所示的用户设置界面。

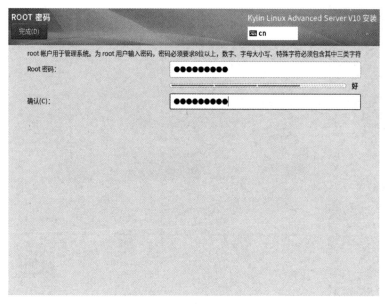

图 1-10　Root 密码界面

（8）单击【创建用户】选项，进入【创建用户】界面，创建 jan16 用户，密码同样要求 8 位以上，必须包含数字、字母大小写、特殊字符三类字符，设置密码为 admini@123，用于后续管理和维护使用，如图 1-11 所示，单击【完成】按钮，返回用户设置界面。

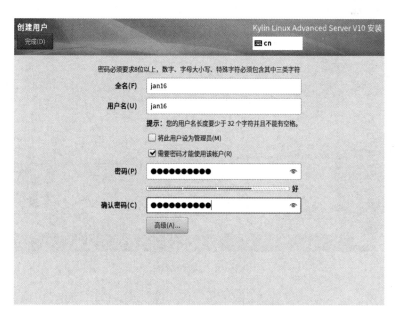

图 1-11　创建用户界面

（9）系统安装完成后，单击【结束配置】按钮，如图 1-12 所示，确认配置均已完成后，单击【重启】按钮，如图 1-13 所示。

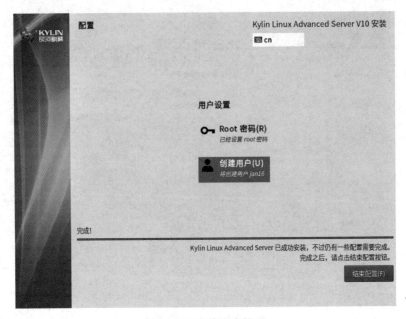

图 1-12　安装完成界面

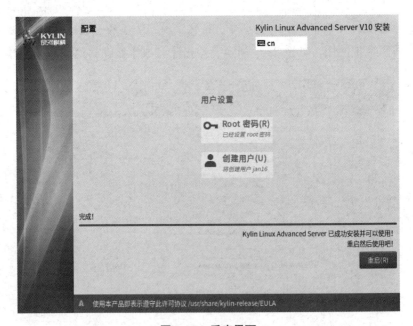

图 1-13　重启界面

（10）重启后，进入初始设置界面，单击【许可信息】选项，如图 1-14 所示，进入许可信息界面。

（11）在许可信息界面中，认真阅读许可协议，之后勾选【我同意许可协议】复选框，单击【完成】按钮，如图 1-15 所示，返回初始设置界面，单击【结束配置】按钮，如图 1-16 所示。

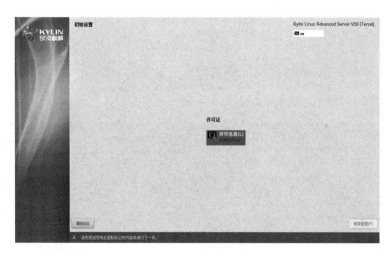

图 1-14　初始设置界面

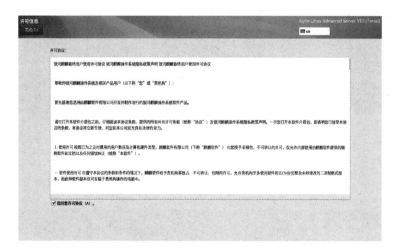

图 1-15　许可信息界面

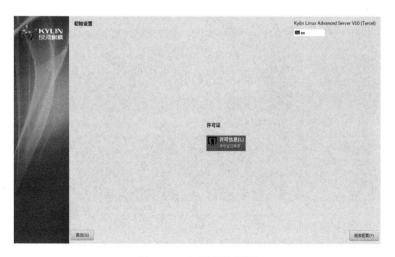

图 1-16　初始设置界面

▶ 任务验证

（1）系统安装成功，登录系统，弹出用户选择界面，选择用户【jan16】进行登录，如图 1-17 所示。

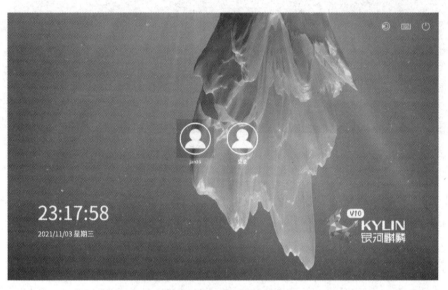

图 1-17　用户登录界面 1

（2）在用户登录界面，输入密码【admini@123】，按回车键，登录用户【jan16】，如图 1-18 所示。

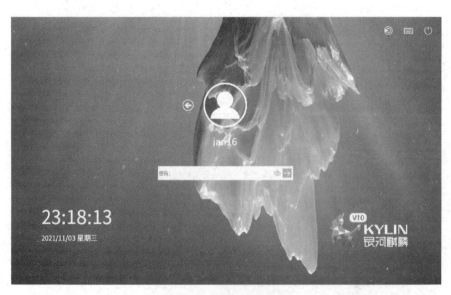

图 1-18　用户登录界面 2

（3）进入 Kylin 系统桌面，说明 Kylin 系统安装成功，如图 1-19 所示。

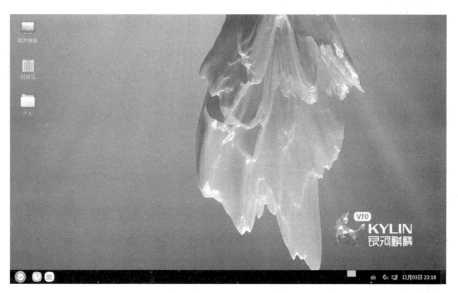

图 1-19　Kylin 系统桌面

练 习 与 实 践

一、理论习题

1. Linux 遵循_____开源协议。

A. GPL   B. BSD

C. Mozilla   D. Apache

2. Linux 之父是_____。

A. Ken.Thompson   B. Linus Benedict Torvalds

C. Dennis.Ritchie   D. Richard M.Stallman

3. Linux 的内核版本包含_____.

A. 主版本号   B. 次版本号

C. 打包版本号   D. 厂商版本

4. Kylin 是基于_____内核的操作系统。

A. Debian   B. Fedora

C. Linux   D. CentOS

5. Linux 为输出提供显示并为 Shell 会话输入提供键盘的界面称为_____。

A. 提示符   B. 物理控制台

C. 虚拟控制台   D. 终端

二、项目实训题

1. 项目背景

网络管理员通过本项目的两个任务已经熟悉了 Kylin 系统的部署，Jan16 公司希望小锐尽快在另外一台服务器上也完成 Kylin 系统的安装。

2. 项目要求

（1）下载 Kylin 系统安装镜像文件。

（2）校验 Kylin 系统安装镜像文件。

（3）安装完成后截取系统界面。

（4）系统磁盘空间大小为：100GB，安装完成后截取磁盘管理系统界面。

（5）计算机名：jan16-y（y 为学号），安装完成后截取系统信息界面。

（6）管理员密码：自定义，安装完成后，截取 Root 用户的属性信息界面。

项目 2　使用 Shell 管理本地文件

[学习目标]

（1）掌握 Kylin 系统命令行的使用方法；

（2）掌握 Kylin 系统的目录结构；

（3）掌握 Kylin 系统常用的命令用法；

（4）掌握 Kylin 系统命令行下的 vim 编辑器。

 项目描述

随着 Jan16 公司业务发展，服务器资源日趋紧张，原先租赁的网络系统服务也即将到期。Jan16 公司为保障公司业务发展更加安全和稳定，拟在公司数据中心机房搭建自己的网络服务平台，为此，公司新购置了一批服务器，这些服务器均安装了 Kylin 系统。

Jan16 公司希望搭建自己的 DNS 服务、DHCP 服务、FTP 服务、Web 服务等。公司让实习生小锐尽快了解 Kylin 系统的基础管理操作，为后续服务搭建做好准备。

 项目分析

小锐需要尽快掌握 Kylin 系统中 Shell、Bash、目录结构、文件系统、vim 编辑器等基础管理操作。具体包括以下内容。

（1）Bash 基础环境设置。

（2）命令行下文件与目录的管理。

（3）命令行下修改系统的配置文件。

 相关知识

2.1　Shell

Linux/UNIX Shell 也叫作命令行界面，它是 Linux/UNIX 操作系统下传统的用户和计算机

交互界面，用户可直接输入命令来执行各种各样的任务。Linux 的 Shell 作为操作系统的外壳，为用户提供使用操作系统的接口。它是命令语言、命令解释程序及程序设计语言的统称。

Linux 有多种 Shell，如 SH、CSH、KSH、TCSH、ZSH 等，其中默认使用的是 Bash。系统默认支持的 Shell 均保存在 /etc/shells 目录中，允许用户根据业务需求调用不同的 Shell，如选择 /sbin/nologin 可以禁止用户登录的操作。

2.2　Bash

GNU Bourne-Again Shell（Bash）是 GNU 运动中重要的工具软件之一，目前也是 Linux 标准的 Shell，与 SH 兼容，Kylin 系统默认使用 Bash。

1. 命令提示符

使用【echo $PS1】可以查看当前的命令提示符格式：

```
[root@jan16-PC ~]# echo $PS1
[\u@\h \W]\$
```

其中，\u 表示当前用户名，\h 表示主机名简称，\W 表示当前工作目录，\$ 表示提示字符。命令提示符的参数及含义如表 2-1 所示。

表 2-1　命令提示符的参数及含义

参　数	含　义
\u	当前用户名
\h	主机名简称
\H	完整的主机名
\w	完整的当前工作目录
\W	当前工作目录
\t	提示符弹出时间，显示为 24 小时格式
\t	提示符弹出时间，显示为 12 小时格式
\!	显示命令历史数
\#	开始后命令历史数
$	提示字符，如果是 root 用户时，提示字符为 #，普通用户就为 $

使用【PS1="[TYPE]"】可以修改命令提示符格式，包括显示的字体属性、字体颜色、背景色、提示内容等。例如，使用以下命令修改目录提示符的样式：

```
[root@jan16-PC ~]# PS1="\e[1;41;33m[\t \u@\h \W]\$ \e[0m"
```

修改后的样式如图 2-1 所示。

```
[15:25:56 root@jan16-PC ~]$
```

图 2-1　命令提示符修改后的效果

其中,【\e[1;41;33m】处于命令提示字符 \$ 前,表示修改命令提示符的字体颜色,\$ 后面有空格,然后加上【\e[0m】,表示关闭命令部分的所有字体属性,修改字体属性使用的格式为【\e[A;B;…m】。【\e[A;B;…m】中可以设置的参数及含义如表 2-2 所示。

表 2-2　【\e[A;B;…m】中可以设置的参数及含义

参　数	含　义	参　数	含　义	参　数	含　义
0	关闭所有属性	30	黑色字体	40	黑色背景
1	设置高亮显示	31	红色字体	41	红色背景
4	下画线	32	绿色字体	42	绿色背景
5	闪烁	33	黄色字体	43	黄色背景
7	反显	34	蓝色字体	44	蓝色背景
8	消隐	35	紫色字体	45	紫色背景
		36	深绿色字体	46	深绿色背景
		37	白色字体	47	白色背景

2. 命令的格式

(1)命令提示符右侧输入的命令由命令、选项、参数三部分组成。命令表示可执行文件,选项表示用于启用或关闭命令的某个或某些功能,参数表示命令的作用对象,如文件名、用户名等。其中,选项和参数为可选项。完整的命令举例如下:

```
[root@jan16-PC ~]# ls -l --size -r /boot
```

其中,-l、-r 是短选项,--size 是长选项,/boot 是命令执行的参数。

(2)在 Shell 中可执行的命令有两类。由 Shell 自带的,而且通过某种命令形式提供的称为内部命令,如【help】【enable cmd】等命令;或者,在文件系统路径下有对应的可执行程序文件的称为外部命令。如【which -a ls】【whereis ls】等命令。

可以使用【type -a COMMAND】来查看指定的命令是内部命令还是外部命令,如查看【cd】命令是内部命令还是外部命令:

```
[root@jan16-PC ~]# type -a cd
cd 是 Shell 内建
```

可以使用【which -a COMMAND】【whereis COMMAND】来查看命令对应的可执行

程序文件路径，如查看【ls】命令对应的可执行程序文件路径：

```
[root@jan16-PC ~]# which -a ls
/usr/bin/ls
/bin/ls
[root@jan16-PC ~]# whereis ls
ls: /usr/bin/ls /usr/share/man/man1/ls.1.gz
```

（3）系统初始 hash 表为空，当外部命令执行时，默认会从 $PATH 路径下寻找该命令，找到后会将这条命令的路径记录到 hash 表中，当再次使用该命令时，Shell 解释器首先会查看 hash 表，存在，则执行命令，如果不存在，将会去 $PATH 路径下寻找，利用 hash 表可大大提高命令的调用速率。

hash 命令常见用法如表 2-3 所示。

表 2-3　hash 命令常见用法

命　令	作　用
hash	显示 hash 缓存
hash -l	显示 hash 缓存，可作为输入使用
hash -p path name	将命令全路径 path 起别名为 name
hash -t name	打印缓存中 name 的路径
hash -d name	清除 name 缓存
hash -r	清除缓存

例如，使用【hash】命令显示缓存：

```
[root@jan16-PC ~]# hash
hits    command
    1   /usr/bin/whereis
    1   /usr/bin/ls
```

使用【echo $PATH】命令可以查看 $PATH 环境变量：

```
[root@jan16-PC ~]# echo $PATH
/usr/local/sbin:/usr/local/bin:/usr/sbin:/usr/bin:/root/bin
```

3. Tab 键补全

用户在命令提示符下输入足够的内容后，可以使用 Tab 键补全，以快速补全命令、路径和文件名。

（1）使用 Tab 键补全命令时，若是内部命令，则会补全 Bash 自带的命令；若是外部命令，Bash 会根据 $PATH 环境变量定义的路径，依次在每个路径中搜索可以补全的命令。

若用户给定的字符串可以对应一条唯一的命令，则直接补全，否则，再次按 Tab 键，给出对应的命令列表。

许多命令可以通过 Tab 键补全匹配参数和选项。前提是已安装 bash-completion 软件包。

例如，使用 Tab 键补全【pass】：

```
[root@jan16-PC ~]# pas<Tab><Tab>
passwd  paste
[root@jan16-PC ~]# pass<Tab>
[root@jan16-PC ~]# passwd    // 自动补全
```

（2）使用 Tab 键补全路径时，会把用户给出的字符串当成路径开头，并在其指定上级目录下搜索路径或文件名。若用户给出的字符串可以对应唯一的路径或文件名，则直接补全，否则，再次按 Tab 键，给出对应的路径和文件名列表。

例如，使用 Tab 键补全【ls /etc/Network】路径：

```
[root@jan16-PC ~]# ls /etc/Network <Tab><Tab>
[root@jan16-PC ~]# ls /etc/NetworkManager/    // 自动补全
```

4. 命令历史

登录 Shell 后，新执行的命令只会记录在缓存中；这些命令会在用户退出时"追加"至命令历史文件（~/.bash_history）中。用户重新登录 Shell 时，会读取文件记录下的命令。

可以使用快捷键快速使用历史命令。命令历史快捷键及功能如表 2-4 所示。

表 2-4　命令历史快捷键及功能

快捷键	功　能
Ctrl + p 或 up（向上）	显示当前历史中的上一条命令，但不执行
Ctrl + n 或 down（向下）	显示当前历史中的下一条命令，但不执行
!string	重复前一个以【string】开头的命令
Esc, .（单击 Esc 键后松开再单击 . 键）	重新调用前一个命令中的最后一个参数

可以使用【history】命令查看命令历史，例如，查看命令历史中最后三条命令：

```
[root@jan16-PC ~]# history 3
   80  echo $PATH
   81  ls /etc/sysconfig/network-scripts/ifcfg-eth0
   82  history 3
```

5. 命令别名

对于一些较长且经常使用的命令，可以使用别名的方式进行定义，以减少反复输入。使用【alias】命令可以显示和定义别名，使用【unalias】命令取消命令别名。除非将别名的定义写到配置文件中，否则别名只在当前会话中生效。

在命令行下使用【alias NAME='VALUE'】，定义别名 NAME，其相当于执行命令 VALUE，该别名仅对当前进程有效。例如，定义别名 rm 为执行命令【rm -i】：

```
[root@jan16-PC ~]# alias rm='rm -i'
```

如果需要永久有效，就需要将别名写到配置文件中，写入 ~/.bashrc 配置文件的别名仅对当前用户有效，写入 /etc/bashrc 的别名对所有用户有效。

需要注意的是，通过配置文件写入的别名不会立即生效，如果需要立即生效，就可以使用以下任意一条命令在 Bash 进程中重新读取配置文件。

```
[root@jan16-PC ~]# source /path/to/config_file
```

```
[root@jan16-PC ~]# ./path/to/config_file
```

在命令行下使用【unalias NAME】撤销别名，使用【unalias -a】撤销所有别名。例如，撤销 rm 的别名：

```
[root@jan16-PC ~]# unalias rm
```

命令生效优先级：alias > 内部命令 > hash 表 > $PATH > 命令找不到

如果别名与内部命令或外部命令同名，要执行原命令，可使用如下方式：

- 【\COMMAND】
- 【"COMMAND"】
- 【'COMMAND'】
- 【command COMMAND】

6. Bash 快捷键

在 Bash 中有很多快捷键，熟练掌握快捷键的使用能有效提高工作效率。Bash 常用快捷键及功能如表 2-5 所示。

表 2-5　Bash 常用快捷键及功能

快捷键	功　　能
Ctrl + l	清屏，相当于 clear 命令
Ctrl + s	阻止屏幕输出，锁定

（续表）

快捷键	功　能
Ctrl + q	允许屏幕输出
Ctrl + c	终止命令
Ctrl + z	挂起命令
Ctrl + a	光标移到命令行首，相当于 Home 键
Ctrl + e	光标移到命令行尾，相当于 End 键
Ctrl + u	从光标处删除至命令行首
Ctrl + k	从光标处删除至命令行尾
Ctrl + w	从光标处向左删除至单词首
Ctrl + t	交换光标处和之前的字符位置

7. 获得命令的帮助

只了解命令单一的作用是不够的，为了有效地使用命令，还需要了解每个命令可以接受哪些选项和参数，以及如何排列这些选项和参数（命令的语法）。

使用帮助的方式有 --help(-h)、man 等，还可使用软件包提供的帮助文档，如程序中的 README 文档、INSTALL 文档、ChangeLog 文档、程序的官方文档等。

（1）--help 或 -h 选项。大多数命令都有 -h 或 --help 帮助选项，该选项会在终端输出简洁的帮助信息。示例如下：

```
[root@jan16-PC ~]# date --help
用法: date [选项]… [格式]
  或  date [-u|--utc|--universal] [MMDDhhmm[[CC]YY][.ss]]
以给定格式字符串的形式显示当前时间，或者设置系统日期。
```

命令帮助的特殊字符及含义如表 2-6 所示。

表 2-6　命令帮助的特殊字符及含义

命令帮助的特殊字符	含　义
[ ]	可选项
< >	可变化的数据
{ }	分组
…	一个或多个
x|y|z	x 或 y 或 z
-abc	-a -b -c

（2）man 命令。man page 源自过去的 Linux 程序员手册，该手册篇幅很长，手册页信息存放在 /usr/share/man 目录中。基本上每个 Linux 命令都有 man 页面，man 页面分组为不同的"章节"，统称为 Linux 手册。man 命令的配置文件为 /etc/man_db.conf。

为了区分不同章节中相同的主题名称，man 页面在命令后附上章节编号，编号用括号括起。例如，gpasswd(1) 是介绍管理员组和密码文件的页面，man 页面的章节及内容类型如表 2-7 所示。

表 2-7　man 页面的章节及内容类型

章　节	内容类型
1	用户命令（可执行命令和 Shell 程序）
2	系统调用（从用户空间调用的内核例程）
3	库函数（由程序库提供）
4	特殊文件（如设备文件）
5	文件格式（用于许多配置文件和结构）
6	游戏（过去的有趣程序章节）
7	惯例、标准和其他（协议、文件系统）
8	系统管理和特权命令（维护任务）
9	Linux 内核 API（内核调用）

使用如下命令在所有 man 页面中搜索 passwd：

```
[root@jan16-PC ~]# man -k passwd
chgpasswd (8)          - 批量更新组密码
chpasswd (8)           - 批量更新密码
gpasswd (1)            - 管理员 /etc/group 和 /etc/gshadow
smbpasswd (5)          - The Samba encrypted password file
smbpasswd (8)          - change a user's SMB password
```

可以看到，包含 passwd 的 man 页面共有 5 个，使用如下命令查看 gpasswd 的页面：

```
[root@jan16-PC ~]#man 1 gpasswd
GPASSWD(1)                      用户命令                      GPASSWD(1)

名称
      gpasswd - 管理员 /etc/group 和 /etc/gshadow

大纲
      gpasswd [选项] group

...

Manual page gpasswd(1) line 1   (press h for help or q to quit)
```

进入 man 页面之后，可以使用 man 导航命令快速翻阅手册，man 页面的快捷命令如表 2-8 所示。

表 2-8　man 页面的快捷命令

快捷命令	功　能
space 或 f	向前 / 向上滚动一个屏幕
b	向后 / 向下滚动一个屏幕
g	转到 man 手册的开头
G	转到 man 手册的末尾
/string	在 man 手册中向后搜索 string
n	在 man 手册中重复之前的向后搜索
N	在 man 手册中重复之前的向前搜索
q	退出 man 手册，并返回到命令 Shell 提示符

8. 文件通配符

Bash Shell 具有一个路径名匹配功能，以前叫作通配（Globbing），缩写自早期 UNIX 的全局命令（Global Command）文件路径扩展程序。Bash Shell 通配功能通常称为模式匹配或"通配符"，可以使管理大量文件变得更加轻松。使用"扩展"的元字符来匹配要寻找的文件名和路径名，可以一次性针对集中的一组文件执行命令。

通配是一种 Shell 命令解析操作，它将一个通配符模式扩展到一组匹配的路径名。在执行命令之前，命令行元字符由匹配列表替换。不返回匹配项的模式（尤其是用方括号括起来的字符类），将原始模式请求显示为字面上的文本。常见的元字符及对应功能如表 2-9 所示。

表 2-9　常见的元字符及对应功能

元字符	对应功能
*	匹配任意长度的任意字符
?	匹配任意单字符
~	当前用户的主目录
~USERNAME	USERNAME 用户的主目录
~+	当前工作目录
~-	上一工作目录
[]	匹配指定范围内的任意单字符
[^]	匹配指定范围外的任意单字符

例如，仅显示 boot 目录下的所有目录：

```
[root@jan16-PC ~]# ls -d /boot/*/
/boot/efi/   /boot/grub2/   /boot/loader/   /boot/lost+found/
```

9. Linux 常用的命令

（1）【pwd】命令。

每个 Shell 和系统进程都有一个当前工作目录（Current Work Directory，CWD），使用【pwd】命令可以显示当前 Shell CWD 的绝对路径。使用【pwd】命令查看当前目录绝对路径的示例如下：

```
[root@jan16-PC ~]# pwd
/root
```

（2）【cd】命令。

使用【cd】（Change Directory）命令可以切换目录。语法格式为【cd DIR】。使用【cd】命令切换目录的示例如下：

```
[root@jan16-PC ~]# cd /etc        // 切换到 /etc 目录
[root@jan16-PC etc]# pwd
/etc
[root@jan16-PC etc]# cd ~admin        // 切换到 admin 用户的家目录
[root@jan16-PC admin]#pwd
/home/admin
[root@jan16-PC admin]# cd -       // 切换到前一个目录
/etc
[root@jan16-PC etc]# cd -       // 切换到前一个目录
/home/admin
[root@jan16-PC admin]# cd        // 切换到当前用户的家目录
[root@jan16-PC ~]# pwd
/root
```

（3）【ls】命令。

使用【ls】命令可以列出指定目录的目录内容，语法格式为【ls [OPTION] DIR】。若未指定 DIR，则列出当前目录的内容。使用【ls】命令列出目录的示例如下：

```
[root@jan16-PC ~]# ls /
backup  bin  boot  box  dev  etc  home  lib  lib64  media  mnt  opt  proc  root
run  sbin  share  srv  sudo  sys  tmp  usr  var
```

【ls】命令常用的选项及含义如表 2-10 所示。

表 2-10　【ls】命令常用的选项及含义

选　项	含　义
-a	不隐藏任何以 . 开始的项目（显示隐藏文件）
-l	使用较长格式列出信息
-R	递归显示子目录
-d	当遇到目录时列出目录本身而非目录内的文件
-1	每行只列出一个文件

（4）【mkdir】命令。

使用【mkdir】命令可以创建目录。语法格式为【mkdir [OPTION] DIR】。使用【mkdir】命令创建目录的示例如下：

```
[root@jan16-PC ~]#mkdir dir
[root@jan16-PC ~]# ls -l
总用量 8
drwxr-xr-x 2 root root    6  1月 12 17:55 dir
...
[root@jan16-PC ~]#
```

【mkdir】命令常用的选项及含义如表 2-11 所示。

表 2-11　【mkdir】命令常用的选项及含义

选　项	含　义
-p	递归创建目录，目录已存在时不报错
-v	每次创建新目录时都显示信息
-m UGO	创建时指定目录权限

（5）【touch】命令。

使用【touch】命令可以创建空文件。语法格式为【touch [OPTION] FILE】。使用【touch】命令创建文件的示例如下：

```
[root@jan16-PC ~]# touch file
[root@jan16-PC ~]# ls -l
总用量 8
-rw-r--r-- 1 root root    0  1月 13 08:25 file
...
```

（6）【cp】命令。

使用【cp】（copy）命令可以复制文件或目录。语法格式为【cp [OPTION] SRC DEST】。

当 SRC 是一个目录时，需要使用 -r 选项。

当 SRC 是文件时：

- 若 DEST 不存在，则复制 SRC 并命名为 DEST。
- 若 DEST 是文件，则会覆盖已存在的文件。
- 若 DEST 是目录，则将 SRC 复制进 DEST 目录中，并保持原名。

使用【cp】命令复制文件和目录的示例如下：

```
[root@jan16-PC ~]# ls -l
drwxr-xr-x 2 root root    6  1月 13 09:28 dir
-rw-r--r-- 1 root root    0  1月 13 09:27 file
[root@jan16-PC ~]# cp file file2
[root@jan16-PC ~]# cp file file2
cp: 是否覆盖'file2'？       // 按 y 键确认覆盖，按 n 键取消复制
[root@jan16-PC ~]# cp -r dir dir2
[root@jan16-PC ~]# cp -r dir dir2
[root@jan16-PC ~]# ls -l
drwxr-xr-x 2 root root    6  1月 13 09:28 dir
drwxr-xr-x 2 root root    6  1月 13 09:28 dir2
-rw-r--r-- 1 root root    0  1月 13 09:27 file
-rw-r--r-- 1 root root    0  1月 13 09:28 file2
[root@jan16-PC ~]# ls -l dir2
总用量 0
drwxr-xr-x 2 root root 6  1月 13 09:34 dir
```

【cp】命令常用的选项及含义如表 2-12 所示。

表 2-12 【cp】命令常用的选项及含义

选 项	含 义
-p	复制时保留文件修改时间和访问权限
-a	通常在复制目录时使用，保留链接、文件属性，并复制目录下的所有内容
-r	复制目录
-f	若有已存在的目标文件且无法打开，则将其删除并重试

（7）【mv】命令。

使用【mv】（move）命令可以移动（或重命名）文件或目录。语法格式为【mv [OPTION] SRC DEST】。

当 SRC 是文件时：

- 如果 DEST 不存在，则重命名 SRC 为 DEST。
- 如果 DEST 是文件，则会覆盖已存在的文件。
- 如果 DEST 是目录，则将 SRC 移动进 DEST 目录中，并保持原名。

当 SRC 是目录时：

- 如果 DEST 不存在，则重命名 SRC 为 DEST。

- 如果 DEST 是文件，则会提示出错，无法以目录来覆盖非目录。
- 如果 DEST 是目录，则会将 SRC 移动到 DEST 目录下。

使用【mv】命令复制文件和目录的示例如下：

```
[root@jan16-PC ~]# ls -l
drwxr-xr-x 2 root root     6  1月 13 09:28 dir
drwxr-xr-x 2 root root     6  1月 13 09:34 dir2
-rw-r--r-- 1 root root     0  1月 13 09:27 file
-rw-r--r-- 1 root root     0  1月 13 09:28 file2
[root@jan16-PC ~]# mv file file3
[root@jan16-PC ~]# mv file2 file3
mv: 是否覆盖 'file3'？     // 按 y 键确认覆盖，按 n 键取消复制
[root@jan16-PC ~]# mv dir dir3
[root@jan16-PC ~]# mv dir2 dir3
[root@jan16-PC ~]# ls -l
drwxr-xr-x 3 root root    18  1月 13 09:40 dir3
-rw-r--r-- 1 root root     0  1月 13 09:28 file2
-rw-r--r-- 1 root root     0  1月 13 08:25 file3
[root@jan16-PC ~]# ls -l dir3
总用量 0
drwxr-xr-x 3 root root 17  1月 13 09:34 dir2
[root@jan16-PC ~]#
```

（8）【rm】命令。

使用【rm】（remove）命令可以删除目录或文件。语法格式为【rm [OPTION] FILE】。文件一旦通过【rm】命令删除，则无法恢复，所以必须格外小心地使用该命令。

使用【rm】命令删除文件和目录的示例如下：

```
[root@jan16-PC ~]# ls -l
drwxr-xr-x 3 root root    18  1月 13 09:40 dir3
-rw-r--r-- 1 root root     0  1月 13 09:28 file2
-rw-r--r-- 1 root root     0  1月 13 08:25 file3
[root@jan16-PC ~]# rm file2
rm: 是否删除普通空文件 'file2'？ y     // 按 y 键确认删除，按 n 键取消删除
[root@jan16-PC ~]# rm -f file3
[root@jan16-PC ~]# rm -r dir3/dir2/dir
rm: 是否删除目录 'dir3/dir2/dir'？ y     // 按 y 键确认删除，按 n 键取消删除
[root@jan16-PC ~]# rm -rf dir3
[root@jan16-PC ~]# ls -l
[root@jan16-PC ~]#
```

【rm】命令常用的选项及含义如表 2-13 所示。

表 2-13 【rm】命令常用的选项及含义

选 项	含 义
-r	递归删除目录及其内容
-i	每次删除前提示确认信息
-f	强制删除。忽略不存在的文件，不提示确认信息
-v	详细显示进行中的步骤

2.3 目录结构

Linux 中的所有文件都存储在文件系统中，它们被组织在一个颠倒的目录树中，称为文件系统结构。这棵树是颠倒的，因为树根在该层次结构的顶部，树根的下方延伸出目录和子目录的分支。

【/】目录是根目录，位于文件系统层次结构的顶部。【/】字符还用作目录中文件名的分隔符。文件系统分层结构：LSB Linux Standard Base ，Linux 目录结构遵循 FHS（文件系统层次结构标准），文件系统的目录结构如图 2-2 所示。

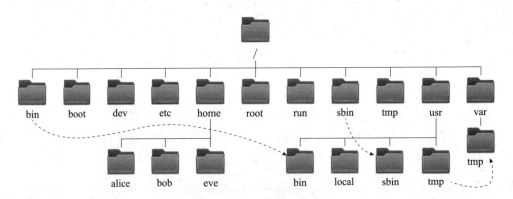

图 2-2 文件系统的目录结构

表 2-14 列出了系统中重要的目录及作用。

表 2-14 重要的目录及作用

目 录	作 用
/bin，/sbin（符号链接）	系统自身启动和运行时可能会用到的核心二进制命令
/boot	系统引导加载时用到的静态文件，内核和 ramdisk，grub(bootloader)
/dev	devices 的简写，所有设备的设备文件都存放于此处；设备文件通常也称为特殊文件（仅有元数据，而没有数据）
/etc	系统的配置文件

（续表）

目　录	作　用
/home	普通用户存储其个人数据和配置文件的主目录
/lib，/lib64（符号链接）	共享库文件和内核模块
/opt	第三方应用程序的安装目录
/proc	伪文件系统，用于输出内核与进程信息相关的虚拟文件系统
/root	超级用户 root 的主目录
/run	自上一次系统启动以来启动的进程的运行数据。这包括进程 ID 文件和锁定文件等。次目录中的内容在重启时重新创建（次目录整合了旧版的 /var/run 和 /var/lock）
/srv	系统运行的服务用到的数据
/sys	伪文件系统，用于输出当前系统中硬件设备相关信息虚拟文件系统
/tmp	供临时文件使用的全局可写空间。10 天内未访问、未更改或未修改的文件将自动从该目录中删除。还有一个临时目录 /var/tmp，该目录中的文件如果在 30 天内未曾访问、更改或修改，将被自动删除
/usr	安装的软件、共享的库，包括文件和静态只读程序数据。重要的子目录有 -/usr/bin：用户命令。-/usr/sbin：系统管理命令。-/usr/local：本地自定义软件
/var	特定于此系统的可变数据，在系统启动时保持永久性。动态变化的文件（如数据库、缓存目录、日志文件、打印机后台处理文档和网站内容）可以在 /var 下找到
/mnt，/media	设备临时挂载点

在 Kylin 系统中，【/】中的 4 个较旧的目录现在与它们在 /usr 中对应的目录拥有完全相同的内容，是 /usr 中对应目录的符号链接。

- /bin 和 /usr/bin。
- /sbin 和 /usr/sbin。
- /lib 和 /usr/lib。
- /lib64 和 /usr/lib64。

2.4　文件系统

Linux 文件系统，包含但不限于 ext4、XFS、BTRFS、GFS2 和 ClusterFS，都是区分大小写的。在同一目录中创建 FileCase.txt 和 filecase.txt，将生成两个不同的文件。

文件或目录的路径指定其唯一的文件系统位置。跟随文件路径会遍历一个或多个指定的子目录，用【/】分隔，直到到达目标位置。与其他文件类型相同，标准的文件行为定义也适用于目录（也称为文件夹）。

注意：虽然空格字符在 Linux 文件名称中可以接受，但空格是 Shell 命令用于命令语法解释的分隔符。建议新手管理员避免在文件名中使用空格，因为包含空格的文件名常常导致意外的命令执行行为。

1. 绝对路径

绝对路径是完全限定名称，自根目录【/】开始，指定到达且唯一代表单个文件所遍历的每个子目录。文件系统中的每个文件都有一个唯一的绝对路径名，可通过一个简单的规则识别：第一个字符是【/】的路径名是绝对路径名。

2. 相对路径

与绝对路径一样，相对路径也标识唯一文件，仅指定从工作目录到达该文件所需的路径。识别相对路径名遵循一个简单规则：第一个字符是【/】之外的其他字符的路径名是相对路径名。位于 /var 目录的用户可以将消息日志文件相对指代为 log/messages。

3. 文件命名

对于标准的 Linux 文件系统，文件路径名长度（包含所有【/】字符）不可超过 4095 字节。路径名中通过【/】字符隔开的每部分的长度不可超过 255 字节。文件名可以使用任何 UTF-8 编码的 Unicode 字符，但【/】和【NULL】字符除外。使用特殊字符的目录名和文件不推荐使用，有些字符需要用引号引起来。以【.】开头的文件为隐藏文件。

4. 文件类型

通过【ls-l】命令查看目录下的文件时，根据第一个字符来判断文件类型，如查看【/】目录下的文件：

```
[root@jan16-PC ~]# ls -l /
lrwxrwxrwx    1 root root    7 3月 14  2020 bin -> usr/bin
dr-xr-xr-x.   6 root root 4096 7月 16 16:15 boot
```

第一个字符为 l，表示文件类型为符号链接文件；第一个字符为 d，表示文件类型为目录文件。更多的文件类型及含义如表 2-15 所示。

表 2-15　文件类型

字　符	文件类型	含　义
-	普通文件	普通文件
d	目录文件 Directory	保存着该目录下其他文件的 inode 号和文件名等信息
b	块设备文件 Block	可以自行确定数据的位置，硬盘、软盘等都是块设备
c	字符设备文件 Char	字符终端、串口和键盘等就是字符设备
l	链接符号文件 Link	链接符号文件相当于给原文件创建了一个快捷方式
p	管道文件 Pipe	管道文件主要用于进程间通信
s	套接字文件 Socket	主要用于不同计算机之间网络通信的一种特殊文件

在 Kylin 系统中可以根据颜色来区分文件类型，如表 2-16 所示，也可通过 /etc/DIR_COLORS 文件来定义颜色属性。

表 2-16　颜色代表的文件类型

颜　色	文件类型
蓝色	目录
绿色	可执行文件
红色	压缩文件
浅蓝色	链接文件
灰色	其他文件

2.5　分区

主引导记录（Master Boot Record，MBR）是计算机系统开机后访问硬盘时所必须要读取的首个扇区，它在硬盘上的三维地址为 0 柱面 0 磁头 1 扇区。所以 MBR 的容量大小就是一个扇区的大小，512 字节。而其中开头的 446 字节内容为系统的主引导记录信息（Bootloader）；其后的 64 字节被分成 4 个 16 字节的硬盘分区表，以及 2 字节的结束标志（55AA）。

MBR 的组成如图 2-3 所示。

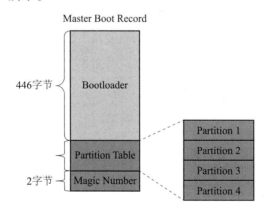

图 2-3　MBR 的组成

很显然，与硬盘分区有关的就是 Partition Table，它的 4 个 16 字节的固定设计决定了一个硬盘最多只能够分出 4 个主分区，如果需要 5 个以上的分区，就需要将其中一个主分区变为扩展分区，在扩展分区的基础上再建立逻辑分区。

在系统中检测到的第一个硬盘驱动器是 /dev/sda，第二个是 /dev/sdb，以此类推。/dev/sda 上的第一个主分区是 /dev/sda1，以此类推。

分区需要创建文件系统后才可使用。创建文件系统后，将该文件系统添加到现有目录树的过程称为挂载，挂载了新文件系统的目录称为挂载点。

可以使用 lsblk 命令查看所有硬盘及分区的情况，示例如下：

```
[root@jan16-PC ~]# lsblk
NAME                MAJ:MIN  RM  SIZE RO TYPE MOUNTPOINT
sda                 8:0       0 128G  0 disk
├─sda1              8:1       0   1G  0 part /boot
└─sda2              8:2       0 127G  0 part
  ├─klas-root    253:0     0  84G  0 lvm  /
  ├─klas-swap    253:1     0   2G  0 lvm  [SWAP]
  └─klas-backup 253:2     0  41G  0 lvm
```

由以上内容可以得出，系统第一块硬盘的第一个分区挂载点为 /boot。第二个分区为扩展分区，并在扩展分区中创建了三个逻辑分区，第一个逻辑分区挂载点为 /，第二个分区为交换分区，第三个分区为备份分区。

如果需要对分区进行创建及管理，可以使用 fdisk 命令。使用 fdisk 命令管理第二个硬盘的分区示例如下：

```
[root@jan16-PC ~]# fdisk /dev/sdb

欢迎使用 fdisk (util-linux 2.35.2)。
更改将停留在内存中，直到您决定将更改写入硬盘。
使用写入命令前请三思。

设备不包含可识别的分区表。
创建了一个硬盘标识符为 0x2288b0bc 的新 DOS 硬盘标签。

命令 (输入 m 获取帮助): m

帮助:

  DOS (MBR)
   a   开关 可启动 标志
   b   编辑嵌套的 BSD 硬盘标签
   c   开关 dos 兼容性标志

  常规
   d   删除分区
   F   列出未分区的空闲区
```

l   列出已知分区类型
n   添加新分区
p   打印分区表
t   更改分区类型
v   检查分区表
i   打印某个分区的相关信息

杂项
m   打印此菜单
u   更改 显示 / 记录 单位
x   更多功能 (仅限专业人员)

脚本
I   从 sfdisk 脚本文件加载硬盘布局
O   将硬盘布局转储为 sfdisk 脚本文件

保存并退出
w   将分区表写入硬盘并退出
q   退出而不保存更改

新建空硬盘标签
g   新建一份 GPT 分区表
G   新建一份空 GPT (IRIX) 分区表
o   新建一份的空 DOS 分区表
s   新建一份空 Sun 分区表

　　使用 fdisk 命令对分区进行新建、修改、删除的操作，在键入 w 保存命令之前都是没有写入分区表的，随时可以撤销，或者键入 q 不保存退出。

　　创建分区后，可以使用 mkfs 命令为分区创建文件系统，示例如下：

```
[root@jan16-PC ~]# mkfs -t xfs /dev/sdb1
meta-data=/dev/sdb1                 isize=512    agcount=4, agsize=655360 blks
        =                          sectsz=512   attr=2, projid32bit=1
        =                          crc=1        finobt=1, sparse=1, rmapbt=0
        =                          reflink=1
data    =                          bsize=4096   blocks=2621440, imaxpct=25
        =                          sunit=0      swidth=0 blks
naming  =version 2                 bsize=4096   ascii-ci=0, ftype=1
log     =internal log              bsize=4096   blocks=2560, version=2
```

```
                 =                      sectsz=512   sunit=0 blks, lazy-count=1
realtime =none                          extsz=4096    blocks=0, rtextents=0
```

挂载和使用硬盘分区的示例如下：

```
[root@jan16-PC ~]# mkdir /data        //在根目录中创建 data 目录
[root@jan16-PC ~]# mount /dev/sdb1 /data/  //将第二块硬盘的第一个分区挂载到 /data 目录
[root@jan16-PC ~]# df -Th /data/
文件系统          类型  容量  已用  可用 已用% 挂载点
/dev/sdb1     ext4 9.8G  23M  9.3G    1% /data
```

2.6　vim 编辑器

编辑器是编写或修改文本文件的重要工具之一，在各种操作系统中，编辑器都是不可缺少的部件。在 Linux 中，系统和应用的配置大多需要通过修改配置文件来进行设置，熟练掌握 Linux 编辑器的用法，可以极大地提高工作效率。

vim（vi improved）是一种强大的文件编辑器，支持复杂的文本操作。相对图形界面的 gedit 编辑器，vim 可以很方便地在命令行中使用，可在任何 Linux 系统中使用。

vim 是 vi 的高级版本，提供更多的功能，如自动格式、语法高亮等。当系统中 vim 无法使用时，依然可以使用【vi】命令代替，用法相同。（最小化安装 Linux 时默认不安装 vim 编辑器。）

vim 的三种模式如下：

（1）命令模式。打开 vim 编辑器，即进入命令模式（也称一般模式）。通过键盘命令，对文档进行复制、粘贴、删除、替换、移动光标、继续查找等，该模式也是编辑模式和末行模式进行切换的中间模式，可以通过 Esc 键从其他模式返回到命令模式。

（2）编辑模式。也称插入模式，用于对文档内容进行添加、删除、修改等操作。在编辑模式中，所有的键盘操作（除了退出编辑模式键即 Esc 键）都是输入或删除的操作，所以在编辑模式下没有可用的键盘操作命令。

（3）末行模式。进入末行模式，光标移动到屏幕的底部，输入内置的指令，可执行相关的操作，如文件的保存、退出、定位光标、查找、替换、设置行标等。命令模式、编辑模式和末行模式之间的切换方法如图 2-5 所示。

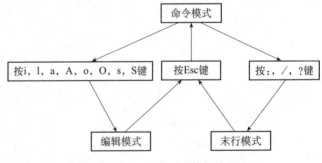

图 2-5　vim 三种模式的切换方法

在命令模式下使用【ZZ】命令保存退出，【ZQ】命令不保存退出。

退出末行模式。在命令模式下，按【:】键进入末行模式，在末行模式下输入相关的命令。末行模式的命令及功能如表 2-17 所示。

表 2-17　末行模式的命令及功能

命　令	功　能
q	没有对文档做过修改，退出
q!	对文档做过修改，强制不保存退出
wq 或 x	保存退出；可以添加 ! 表示强制保存退出

在 vim 编辑器命令模式下，有着大量方便快捷的键盘命令，用来控制光标、操作文本。常用的快捷键及功能如表 2-18 所示。

表 2-18　常用的快捷键及功能

快捷键	功　能
h/j/k/l	光标向左 / 下 / 上 / 右移动一个字符
Ctrl+f/b	屏幕向下 / 上移动一页
Ctrl+d/u	屏幕向下 / 上移动半页
0 或者 ^	光标移动到行首，0 是绝对行首
$ 或者 g_	光标移动到行尾，$ 是绝对行尾
gg	光标移动到文件第一行
G	光标移动到文件最后一行
nG	光标移动到文件的第 n 行
x/X/nx	向后 / 前删除一（n）个字符
dd/ndd	删除光标所在的行 / 向下删除 n 行
cc/C	删除光标所在处的整行而后转换为输入
yy/nyy	复制光标所在一 /（向下 n）行
p/P	粘贴到光标位置下 / 上一行
r	仅替换一次光标所在的字符
R	一直替换光标所在的字符，直到按下 Esc 键
u	撤销前一个操作

项目实施

扫一扫，
看微课

任务 2-1　Bash 基础
环境设置

任务 2-1　Bash 基础环境设置

▶ 任务规划

Jan16 公司需要为公司新购置的一批服务器安装 Kylin 系统，现需小锐设置 Kylin Bash

基础工作环境，为后续服务的配置做准备。任务如下：

（1）定义命令提示符以 24 小时格式显示时间。

（2）定义命令历史不记录重复和以空格开头的命令。

（3）定义命令别名 cdnet。

▶ 任务实施

1. 定义命令提示符以 24 小时格式显示时间

（1）修改提示符格式，代码如下：

```
[root@jan16-PC ~]# PS1='[\t \u@\h \W]\$ '
```

（2）查看当前的命令提示符，代码如下：

```
[16:01:31 root@jan16-PC ~]# echo $PS1
[\t \u@\h \W]\$
```

2. 定义命令历史不记录重复和以空格开头的命令

（1）定义环境变量 HISTCONTROL，代码如下：

```
[16:02:03 root@jan16-PC ~]# HISTCONTROL=ignoreboth
```

（2）查看 HISTCONTROL 变量值，代码如下：

```
[16:07:36 root@jan16-PC ~]# echo $HISTCONTROL
ignoreboth
```

3. 定义命令别名 cdnet

（1）定义别名 cdnet，代码如下：

```
[16:08:00 root@jan16-PC ~]# alias cdnet='cd /etc/NetworkManager/system-
connections/'
```

（2）显示当前 Shell 进程中的所有命令别名，代码如下：

```
[16:08:30 root@jan16-PC ~]# alias
alias cdnet='cd /etc/NetworkManager/system-connections/'
alias cp='cp -i'
alias l.='ls -d .* --color=auto'
alias ll='ls -l --color=auto'
```

```
alias ls='ls --color=auto'
alias mv='mv -i'
alias rm='rm -i'
```

▶ 任务验证

（1）查看 PS1 环境变量，代码如下：

```
[16:10:13 root@jan16-PC ~]# echo $PS1
[\t \u@\h \W]\$
```

（2）执行以空格开头的命令和重复的命令，使用【history】命令查看历史记录，代码如下：

```
[16:10:51 root@jan16-PC ~ ]# ls
anaconda-ks.cfg
[16:11:09 root@jan16-PC ~ ]# echo $PS1
[\t \u@\h \W]\$
[16:11:14 root@jan16-PC ~ ]# echo $PS1
[\t \u@\h \W]\$
[16:11:31 root@jan16-PC ~ ]#  ls
anaconda-ks.cfg
[16:11:38 root@jan16-PC ~ ]# history 4
  132  echo $PS1
  133  ls
  134  echo $PS1
  135  history 4
```

（3）使用【cdnet】命令验证别名，代码如下：

```
[16:16:20 root@jan16-PC ~]# cdnet
[16:17:20 root@jan16-PC system-connections]# pwd
/etc/NetworkManager/system-connections
```

扫一扫，
看微课

任务 2-2　命令行下文件
与目录的管理

任务 2-2　命令行下文件与目录的管理

▶ 任务规划

Jan16 公司需要为公司新购置的一批服务器安装 Kylin 系统，现需小锐了解并能熟练地进行文件与目录的管理，为后续服务配置做好准备。

（1）查看当前的工作目录。

（2）更改目录为【/】，查看【/】目录下的目录文件。

（3）创建 /data/httpd/html、/data/mysql、/data/images、/data/test/1、/data/test/2 目录。

（4）使用【tree】命令查看 /data/ 目录结构。

（5）删除 /data/test/2、/data/test 目录。

（6）使用【stat】命令查看 /data/ 目录状态信息。

（7）在 /data/httpd/html 目录中使用【touch】命令创建 index.html 和 test.html 空文件。

（8）拷贝 /etc/issue 文件至 /data/httpd/html 目录中。

（9）重命名 issue 为 index.html。

（10）删除 test.html 文件。

▶ 任务实施

1. 目录管理

（1）查看当前的工作目录，代码如下：

```
[root@jan16-PC ~ ]# pwd
/root
```

（2）更改目录为【/】，查看【/】目录下的目录文件，代码如下：

```
[root@jan16-PC ~]# cd /
[root@jan16-PC /]# ls */ -d
bin/  box/  etc/  lib/   media/  opt/  root/  sbin/  sudo/  tmp/  var/
boot/  dev/  home/  lib64/  mnt/   proc/  run/  srv/  sys/  usr/
```

（3）创建 /data/httpd/html、/data/mysql、/data/images、/data/test/1、/data/test/2 目录，代码如下：

```
[root@jan16-PC /]# mkdir /data/{httpd/html,mysql,images,test/{1,2}} -pv
mkdir: 已创建目录 '/data'
mkdir: 已创建目录 '/data/httpd'
mkdir: 已创建目录 '/data/httpd/html'
mkdir: 已创建目录 '/data/mysql'
mkdir: 已创建目录 '/data/images'
mkdir: 已创建目录 '/data/test'
mkdir: 已创建目录 '/data/test/1'
mkdir: 已创建目录 '/data/test/2'
```

（4）使用【tree】命令查看 /data/ 目录结构，代码如下：

```
[root@jan16-PC /]# tree /data/
/data/
├── httpd
│   └── html
├── images
├── mysql
└── test
    ├── 1
    └── 2

7 directories, 0 files
```

（5）删除 /data/test/2 目录，删除 /data/test 目录，代码如下：

```
[root@jan16-PC /]# rm -rf /data/test/2/
[root@jan16-PC /]# rm -rf /data/test/
```

2. 文件管理

（1）使用【stat】命令查看 /data/ 目录状态信息，代码如下：

```
[root@jan16-PC ~]# stat /data/
  文件: "/data/"
  大小: 46          块: 0          IO 块: 4096    目录
  设备: fd00h/64768d    Inode: 1451765    硬链接: 5
  权限: (0755/drwxr-xr-x)  Uid: (    0/    root)  Gid: (    0/    root)
  最近访问: 2021-12-14 16:19:42.276950770 +0800
  最近更改: 2021-12-14 16:20:07.312967798 +0800
  最近改动: 2021-12-14 16:20:07.312967798 +0800
  创建时间: -
```

（2）在 /data/httpd/html 目录中使用【touch】命令创建 index.html 和 test.html 空文件，代码如下：

```
[root@jan16-PC ~]# cd /data/httpd/html/
[root@jan16-PC html]# touch index.html test.html
[root@jan16-PC html]# ls
index.html  test.html
```

（3）拷贝 /etc/issue 文件至 /data/httpd/html 目录中，代码如下：

```
[root@jan16-PC html]# cp /etc/issue /data/httpd/html/
[root@jan16-PC html]# ls
index.html  issue  test.html
```

（4）重命名 issue 为 issue.html，代码如下：

```
[root@jan16-PC html]# mv issue issue.html
[root@jan16-PC html]# ls
index.html  issue.html  test.html
```

（5）删除 test.html 文件，代码如下：

```
[root@jan16-PC html]# rm test.html
rm: 是否删除普通空文件 'test.html'？ y
[root@jan16-PC html]# ls
index.html  issue.html
```

▶ 任务验证

（1）使用【tree】命令查看 /data 目录树，代码如下：

```
[root@jan16-PC ~]# tree /data
/data
├── httpd
│   └── html
│       ├── index.html
│       └── issue.html
├── images
└── mysql

4 directories, 2 files
```

（2）使用【cat】命令查看 /data/httpd/html/issue.html 文件内容，代码如下：

```
[root@jan16-PC ~]# cat /data/httpd/html/issue.html
Authorized users only. All activities may be monitored and reported.
```

任务 2-3　命令行下修改系统的配置文件

扫一扫，
看微课

任务 2-3　命令行下修改
系统的配置文件

► 任务规划

Jan16 公司需要为公司新购置的一批服务器安装 Kylin 系统，现需小锐设置 Kylin Bash 基础工作环境并永久生效，为后续服务配置做准备。

（1）定义命令提示符以 24 小时格式显示时间。

（2）定义命令历史不记录重复和以空格开头的命令。

（3）定义命令别名 cdnet。

（4）定义 .vimrc 配置文件，设备 Tab 键为 4 个空白符。

（5）关闭 ssh 的 DNS 解析和 GSSAPI 认证。

（6）定义 motd 配置文件。

► 任务实施

1. 定义命令提示符以 24 小时格式显示时间

（1）使用【vim】命令修改 .bashrc 文件，在尾行添加 PS1='[\t \u@\h \W]\$ '，代码如下：

```
[root@jan16-PC ~]# vim .bashrc
# .bashrc

# User specific aliases and functions

alias rm='rm -i'
alias cp='cp -i'
alias mv='mv -i'

# Source global definitions
if [ -f /etc/bashrc ]; then
        . /etc/bashrc
fi
PS1='[\t \u@\h \W]\$ '
```

（2）执行【bash】命令查看命令提示符，代码如下：

```
[root@jan16-PC ~]# bash
[17:13:04 root@jan16-PC ~]#
```

2. 定义命令历史不记录重复和以空格开头的命令

（1）使用【vim】命令修改 .bashrc 文件，在尾行添加 HISTCONTROL=ignoreboth 配置，代码如下：

```
[17:13:04 root@jan16-PC ~]# vim .bashrc
# .bashrc

# User specific aliases and functions

alias rm='rm -i'
alias cp='cp -i'
alias mv='mv -i'

# Source global definitions
if [ -f /etc/bashrc ]; then
        . /etc/bashrc
fi
PS1='[\t \u@\h \W]\$ '
HISTCONTROL=ignoreboth
```

（2）执行【echo】命令查看 HISTCONTROL 变量值，代码如下：

```
[17:14:38 root@jan16-PC ~]# echo $HISTCONTROL
ignoredups
```

3. 定义命令别名 cdnet

（1）使用【vim】命令修改 .bashrc 文件，在尾行添加别名 alias cdnet='cd /etc/Network Manager/system-connections/' 配置，代码如下：

```
[17:15:28 root@jan16-PC ~]# vim .bashrc
# .bashrc

# User specific aliases and functions

alias rm='rm -i'
alias cp='cp -i'
alias mv='mv -i'

# Source global definitions
```

```
if [ -f /etc/bashrc ]; then
      . /etc/bashrc
fi
PS1='[\t \u@\h \W]\$ '
HISTCONTROL=ignoreboth
alias cdnet='cd /etc/NetworkManager/system-connections/'
```

（2）执行【bash】命令，显示当前 Shell 进程中的所有命令别名，代码如下：

```
[17:16:18 root@jan16-PC ~]# bash
[17:17:03 root@jan16-PC ~]# alias
alias cdnet='cd /etc/NetworkManager/system-connections/'
alias cp='cp -i'
alias l.='ls -d .* --color=auto'
alias ll='ls -l --color=auto'
alias ls='ls --color=auto'
alias mv='mv -i'
alias rm='rm -i'
```

4. 在用户家目录中定义 .vimrc 配置文件，设备 Tab 键为 4 个空白符

代码如下：

```
[17:17:12 root@jan16-PC ~]# vim .vimrc
set tabstop=4

set expandtab
```

5. 关闭 ssh 的 DNS 解析和 GSSAPI 认证

代码如下：

```
[17:18:21 root@jan16-PC ~]# vim /etc/ssh/sshd_config
修改前: #UseDNS no
GSSAPIAuthentication yes
修改后: UseDNS no
GSSAPIAuthentication no

[17:22:04 root@jan16-PC ~]# systemctl restart sshd
```

6. 定义 motd 配置文件

代码如下：

```
[18:30:55 root@jan16-PC ~]# vim /etc/motd

/**
*           ,%%%%%%%,
*          ,%%/\%%%%/\%%
*         ,%%%\c "" J/%%%
* %.    %%%%/ o    o \%%%
* `%%.    %%%%    _  |%%%
* `%%     `%%%%(__Y__)%%'
* //       ;%%%%`\-/%%%'
* ((       /  `%%%%%%%'
*  \\     .'          |
*   \\   /       \  | |
*    \\/         ) | |
*     \          /_ | |__
*     (_____)))))))) 一个不会有 BUG 的工程狮
```

▶ 任务验证

（1）重新登录，查看 PS1 环境变量，代码如下：

```
[17:25:16 root@jan16-PC ~]# echo $PS1
[\t \u@\h \W]\$
```

（2）执行以空格开头的命令和重复的命令，使用【history】命令查看历史记录，代码如下：

```
[17:33:12 root@jan16-PC ~]# cd /
[17:33:17 root@jan16-PC /]#  cd
[17:33:20 root@jan16-PC ~]# echo $PS1
[\t \u@\h \W]\$
[17:33:35 root@jan16-PC ~]# echo $PS1
[\t \u@\h \W]\$
[17:33:37 root@jan16-PC ~]# history 3
    1  cd /
    2  echo $PS1
    3  history 3
```

（3）使用【cdnet】命令定义别名，代码如下：

```
[17:33:46 root@jan16-PC ~]# cdnet
[17:34:18 root@jan16-PC system-connections]#  pwd
/etc/NetworkManager/system-connections
```

（4）使用【vim】命令编辑 test 文件，按 i 键然后按 Tab 键查看效果，代码如下：

```
[17:35:20 root@jan16-PC ~]# vim test
<tab>
[17:35:42 root@jan16-PC ~]# wc test
1 0 5 test
```

（5）重新登录服务器。

重新登录服务器后，可以自动显示如图 2-4 所示的运行效果图。

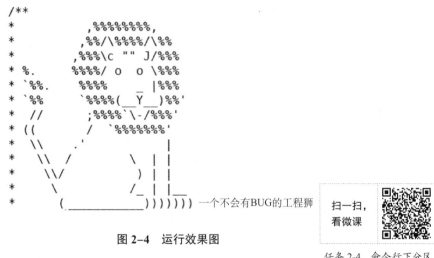

图 2-4　运行效果图

扫一扫，
看微课

任务 2-4　命令行下分区
的创建与挂载

任务 2-4　命令行下分区的创建与挂载

▶ 任务规划

Jan16 公司需要为公司新购置的一批服务器安装 Kylin 系统，服务器已安装 128GB 的 SSD 硬盘，现需小锐在硬盘中创建分区，挂载到对应目录中并永久生效，为后续服务搭建做好准备。

（1）分别创建大小为 10GB、100GB 的两个硬盘分区。

（2）将两个分区分别挂载到 /doc、/data 目录，并永久生效。

▶ 任务实施

1. 创建硬盘分区

（1）使用 dfisk 命令创建硬盘分区，代码如下：

```
[root@jan16-PC ~]# fdisk /dev/sdb

欢迎使用 fdisk (util-linux 2.35.2)。
更改将停留在内存中，直到您决定将更改写入磁盘。
使用写入命令前请三思。


命令（输入 m 获取帮助）: n
分区号 (1-128, 默认  1):
第一个扇区 (2048-268435422, 默认 2048):
最后一个扇区, +/-sectors 或 +size{K,M,G,T,P} (2048-268435422, 默认 268435422): +10G

创建了一个新分区 1, 类型为 "Linux filesystem", 大小为 10 GiB。

命令（输入 m 获取帮助）: n
分区号 (2-128, 默认  2):
第一个扇区 (20973568-268435422, 默认 20973568):
最后一个扇区, +/-sectors 或 +size{K,M,G,T,P} (20973568-268435422, 默认 268435422):
+100G

创建了一个新分区 2, 类型为 "Linux filesystem", 大小为 100 GiB。

命令（输入 m 获取帮助）: w
分区表已调整。
将调用 ioctl() 来重新读分区表。
正在同步磁盘。
```

（2）使用 mkfs 命令创建文件系统，代码如下：

```
[root@jan16-PC ~]# mkfs -t xfs /dev/sdb1
meta-data=/dev/sdb1                      isize=512    agcount=4, agsize=655360 blks
         =                               sectsz=512   attr=2, projid32bit=1
         =                               crc=1        finobt=1, sparse=1, rmapbt=0
```

```
           =                           reflink=1
data       =                           bsize=4096    blocks=2621440, imaxpct=25
           =                           sunit=0       swidth=0 blks
naming     =version 2                  bsize=4096    ascii-ci=0, ftype=1
log        =internal log               bsize=4096    blocks=2560, version=2
           =                           sectsz=512    sunit=0 blks, lazy-count=1
realtime =none                         extsz=4096    blocks=0, rtextents=0
[root@jan16-PC ~]# mkfs -t xfs /dev/sdb2
meta-data=/dev/sdb2                     isize=512     agcount=4, agsize=6553600 blks
           =                           sectsz=512    attr=2, projid32bit=1
           =                           crc=1         finobt=1, sparse=1, rmapbt=0
           =                           reflink=1
data       =                           bsize=4096    blocks=26214400, imaxpct=25
           =                           sunit=0       swidth=0 blks
naming     =version 2                  bsize=4096    ascii-ci=0, ftype=1
log        =internal log               bsize=4096    blocks=12800, version=2
           =                           sectsz=512    sunit=0 blks, lazy-count=1
realtime =none                         extsz=4096    blocks=0, rtextents=0
```

2. 将两个分区挂载到对应目录并永久生效

（1）使用 mkdir 命令创建 /doc、/data 两个目录，代码如下：

```
[root@jan16-PC ~]# mkdir /doc
[root@jan16-PC ~]# mkdir /data
```

（2）编辑 /etc/fstab 文件使分区挂载永久生效，代码如下：

```
root@jan16-PC /]# vim /etc/fstab
...
/dev/mapper/klas-root    /                          xfs      defaults      0 0
/dev/mapper/klas-backup /backup                     xfs      noauto        0 0
UUID=a0e76d71-fe42-4b35-934d-33e63fa482ba /boot                            xfs
defaults       0 0
/dev/mapper/klas-swap   swap                        swap     defaults      0 0

/dev/sdb1  /doc  xfs  defaults  0  0
/dev/sdb2  /data  xfs  defaults  0  0
```

（3）使用 mount 命令挂载所有目录，代码如下：

```
[root@jan16-PC /]# mount -a
```

▶ 任务验证

重新登录系统后，查看分区挂载情况，代码如下：

```
[root@jan16-PC ~]# df-Th
文件系统              类型      容量   已用   可用  已用% 挂载点
......
/dev/sdb1            xfs       10G    104M   9.9G   2%  /doc
/dev/sdb2            xfs       100G   747M   100G   1%  /data
```

练 习 与 实 践

一、理论习题

1. Kylin 系统默认的 Shell 是_____。

A. SH   B. Bash   C. ZSH   D. TCSH

2. Kylin 系统默认采用_____文件系统。

A. ext4   B. XFS   C. ext3   D. NTFS

二、项目实训题

1. 项目背景

Jan161 公司需要为公司新购置的一批服务器安装 Kylin 系统，现需小李设置 Kylin 系统的基础工作环境，为后续服务的配置做准备。

2. 项目要求

（1）定义命令提示符以 24 小时格式显示时间；

（2）定义命令历史不记录重复的命令；

（3）定义命令别名 cdnet；

（4）定义 .vimrc 配置文件，设置 Tab 键为 4 个空白符；

（5）关闭 ssh 的 DNS 解析；

（6）定义 motd 配置文件。

项目 3 管理信息中心的用户与组

[学习目标]

（1）掌握系统用户和组的概念与应用。

（2）掌握系统中用户和组的常用命令。

（3）掌握用户和组权限的继承性概念与应用。

（4）掌握企业组织架构下用户和组的部署业务实施流程。

 项目描述

Jan16 公司信息中心由信息中心主任黄工、网络管理组张工和李工、系统管理组赵工和宋工 5 位工程师组成，组织架构图如图 3-1 所示。

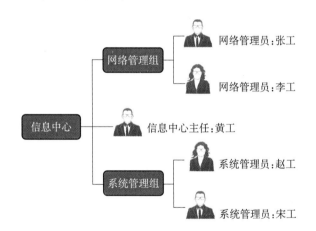

图 3-1 组织架构图

信息中心在一台服务器上安装了 Kylin 系统用于部署公司网络服务，信息中心所有员工均需要使用该服务器。系统管理员根据员工的岗位工作职责，为每个岗位规划了相应权限，员工具体权限如表 3-1 所示。

表 3-1 信息中心员工账户信息表

员工	用户账户	隶属组	权限	备注
黄工	Huang	Sysadmins	系统管理	信息中心主任

（续表）

员工	用户账户	隶属组	权限	备注
张工	Zhang	Netadmins	网络管理 虚拟化管理	网络管理组
李工	Li			
赵工	Zhao	Sysadmins	系统管理	系统管理组
宋工	Song			

 项目分析

Linux 是一个多用户多任务的系统，系统中的用户可以是一个对应真实物理用户的账户，也可以是特定应用程序使用的身份账户。Linux 通过定义不同的用户，来控制用户在系统中的权限。系统的每个文件都设计成隶属相应的用户和组，不同的用户则决定了其对系统内文件是否可以访问、写入或执行。

因此，本项目需要工程师熟悉 Kylin 系统的用户和组管理，涉及以下工作任务。

（1）管理信息中心的用户账户，为信息中心员工创建用户账户。

（2）管理信息中心的组账户，为信息中心各岗位创建组账户，根据岗位工作任务分配用户访问权限。

 相关知识

Linux 是多用户多任务的系统，允许多个用户同时登录系统，使用系统资源。用户账户是用户的身份标识，用户通过用户账户可以登录系统，并且访问已经被授权的资源。系统依据账户来区分属于每个用户的文件、进程、任务，并给每个用户提供特定的工作环境，使每个用户都能不受干扰地独立工作。

3.1　用户

（1）超级管理员：在 Linux 中的超级管理员为 root 用户，用户标识号（User Identification，uid）为 0，该用户对所有的命令和文件具有访问、修改、执行权限，一旦操作失误，很容易对系统造成损坏。因此，在生产环境中不建议使用 root 用户直接登录系统。

（2）普通用户：系统中大多数用户为普通用户，需要管理员用户创建，拥有的权限有一定的限制，一般只在用户自己的主目录中拥有完全权限，提升权限时，需要使用

【sudo】命令。

（3）系统用户：通常会用于一个守护进程或者软件，这类用户在安装系统后默认存在，且默认情况下通常不允许通过 Shell 的交互式登录系统。但此类用户方便系统管理，对系统的正常运行是必不可缺的。

（4）虚拟用户：在 Linux 中一些用户是用来完成特定任务的，如 nobody 和 ftp 等。在系统中，没有权限登录系统的用户一般也被称为虚拟用户；虚拟用户实际上就是去掉了登录 Shell 权限的用户，它不能登录系统，但可以进行其他任何操作。

3.2　用户组

在 Linux 中，为了方便系统管理员的管理和用户工作的方便，产生了组（Group）的概念，用户组就是具有相同特征的用户集合体，使用用户组有利于系统管理员按照用户的特性组织和管理用户，提高工作效率，为用户设置用户组，在做资源授权时可以把权限赋予某个用户组，用户组中的成员即可获得对应的权限，并且方便系统管理员检查，用户组可以更高效地管理用户权限。默认情况下，用户拥有自己的私人组（User Private Group，UPG），当一个新用户被创建时，同时会创建一个与用户名相同的用户私人组。

用户和用户组的对应关系有：一对一、一对多、多对一和多对多，以下展示了这种关系。

- 一对一：即一个用户可以存在于一个用户组中，也可以是用户组中的唯一成员。
- 一对多：即一个用户可以存在于多个用户组中。那么此用户具有多个用户组的共同权限。
- 多对一：多个用户可以存在于一个用户组中，这些用户具有和用户组相同的权限。
- 多对多：多个用户可以存在于多个用户组中。其实就是上面三种对应关系的扩展。

3.3　用户配置文件

Linux 中记录用户账户相关配置的文件主要有两个：/etc/passwd 和 /etc/shadow。前者保存用户的基本信息，后者保存用户的密码信息，这两个文件是互补的。

（1）/etc/passwd 文件是文本文件，包含用户登录的相关信息，每行代表一个用户的信息，该文件对所有用户可读。虚拟用户的信息也保存在 /etc/passwd 中。

以下是 /etc/passwd 文件的部分输出：

```
[root@jan16-PC ~]# cat /etc/passwd
root:x:0:0:root:/root:/bin/bash
// 每个字段对应的内容：用户名：口令：用户标识号：组标识号：注释：主目录：默认 Shell
```

/etc/passwd 文件中每个字段的解释如表 3-2 所示。

表 3-2　/etc/passwd 文件中每个字段的解释

字　段	解　释
用户名	代表用户账户的字符串
口令	存放加密后用户登录的密码，由于 /etc/passwd 文件对所有人可读，基于安全性考虑，用户密码存放在 /etc/shadow 文件中
用户标识号	每个用户都有 uid，并且是唯一的，0 是超级管理员 root 的标识号，用户的角色和权限管理都是通过 uid 实现的
组标识号	组的 gid，该字段记录了用户所属的用户组，对应 /etc/group 文件中的一条记录
注释	用户的注释信息，可填写与用户相关的一些信息，该字段可选
主目录	用户登录系统后默认所处的目录
默认 Shell	用户登录所用的 Shell 类型，默认为 /bin/bash

（2）/etc/shadow 文件包含用户密码的加密信息及其他相关安全信息。为了安全起见，只有 root 用户才有权限读取 /etc/shadow 文件中的内容，普通用户无法查看。

以下是 /etc/shadow 文件的部分输出：

```
[root@jan16-PC ~]# cat /etc/shadow
root:$6$6SCTc3Uz3kXN7tQL$a9I6hiw6zMygSGgZvSbCaQUiaZdJEFwYMFQq9ixzcLrNINRDPrVI.
iFNIyWu.qCgariKDbu6iTl.gxMTxv1x5.::0:99999:7:::
// 每个字段对应的内容：　用户名 : 加密口令 : 最后一次修改的时间 : 最小时间间隔 : 最大时间间隔 :
警告时间 : 密码禁用期 : 失效时间 : 保留字段
```

/etc/shadow 文件中每个字段的解释如表 3-3 所示。

表 3-3　/etc/shadow 文件中每个字段的解释

字　段	解　释
用户名	代表用户账户的字符串
加密口令	$ 为分隔符，首先是使用的加密算法，其次是随机数，最后才是加密的密码，若该字段是 "*" "!" "x" 等字符，则对应的用户不能登录系统
最后一次修改的时间	从 1970 年 1 月 1 日算起，距离最近一次密码被修改的天数
最小时间间隔	密码最近更改日期到下次允许更改日期之间的天数
最大时间间隔	表示两次修改密码之间的最大时间间隔
警告时间	表示从系统开始警告用户到密码正式失效之间的天数
密码禁用期	表示当密码失效后，自动禁用账户的天数，密码禁用期设置为 -1 代表账户永不禁用
失效时间	表示账户的生存期。失效时间为 -1，表示该账户为启用
保留字段	保留域，用于日后功能拓展

3.4　用户组配置文件

/etc/group 是用于保存组信息的文件，存储格式为 group_name:password:GID:user_list。每行信息包括 4 个字段。

以下是 /etc/group 文件的部分输出：

```
[root@jan16-PC ~]# cat /etc/group
root:x:0:
组名 : 组口令 :GID: 用户列表
```

/etc/group 文件中每个字段的解释如表 3-4 所示。

表 3-4　/etc/group 文件中每个字段的解释

字　段	解　释
组名	用户组的名称
组口令	用占位符 x 表示，加密后的密码存放在 /etc/gshadow 文件下
GID	群组的 ID，Linux 通过 GID 来区分用户组
用户列表	每个群组包含的所有用户，这里列出的是以该组为附加值的用户列表，以此组为主组的用户并没有被列出

/etc/gshadow 是 /etc/group 的加密文件，两个文件为互补的关系，对于大型的生产环境，设置明确的用户和组，制定关系结构比较复杂的权限模型，设置用户组密码是很有必要的，/etc/gshadow 文件以冒号进行分隔，每行信息包括 4 个字段。

以下是 /etc/gshadow 文件的部分输出：

```
[root@jan16-PC ~]# cat /etc/gshadow
root:*::
组名 : 用户组密码 : 用户组管理员的名称 : 群组成员列表
```

/etc/gshadow 文件中每个字段的解释如表 3-5 所示。

表 3-5　/etc/gshadow 文件中每个字段的解释

字　段	解　释
组名	用户组的名称
用户组密码	大部分用户通常不设置组密码，因此该字段常为空。字段中出现"!"则代表群组没有密码也不设置群组管理员
用户组管理员的名称	该字段可为空，也可设置多个群组管理组
群组成员列表	该字段显示群组中有哪些附加用户，与 /etc/group 中的附加值显示内容相同

任务 3-1　管理信息中心
的用户账户

项目实施

任务 3-1　管理信息中心的用户账户

▶ 任务规划

为满足公司信息中心对安装了 Kylin 系统的服务器的访问需求，系统管理员根据表 3-1，为每个员工创建用户账户。系统管理员可通过向导式菜单为员工创建账户，并通过用户属性管理界面修改账户的相关信息。用户使用新账户登录系统时，可自行修改登录密码。

在 Kylin 系统终端中为信息中心员工创建用户，可通过以下操作步骤实现。

（1）通过【useradd】命令创建账户。

（2）通过不同的参数去修改账户的属性。

（3）在任务验证中使用新账户登录系统，测试新账户第一次登录时是否需要更改密码。

▶ 任务实施

（1）以超级管理员 root 身份登录服务器，打开【终端】，创建账户"Huang"，备注为"黄主任"。代码如下：

```
[root@jan16-PC ~]# useradd -m -s /bin/bash -c "黄主任" Huang
[root@jan16-PC ~]# passwd Huang
更改账户 Huang 的密码
新的密码：Jan16@123
重新输入新的密码：Jan16@123
passwd：所有的身份验证令牌已经成功更新
```

创建用户时，-c 参数代表加上备注文字，备注文字保存在 passwd 备注栏中；-m 参数代表创建用户的主目录；-s 参数代表用户登录所用的 Shell 类型。

（2）查看账户"Huang"是否创建成功，代码如下：

```
[root@jan16-PC ~]# cat /etc/passwd
Huang:x:1001:1001:黄主任:/home/Huang:/bin/bash
```

（3）需要限制账户"Huang"在第一次登录时必须修改密码，代码如下：

```
[root@jan16-PC ~]# chage -d0 Huang
```

-d <N> 选项表示密码的"有效期"（自密码上一次更改时间自 1970 年 1 月 1 日以来的天数）。所以，-d0 表明该密码是在 1970 年 1 月 1 日更改的，这实际上让当前密码到期失效，从而让密码在下一次用户登录时被更改。

（4）切换用户查看是否能够成功限制黄工用户登录，注意不能使用 root 用户进行切换，因为 root 用户切换用户时不需要输入密码，使用新建的 Test 账户对 Huang 账户进行测试，切换用户输入正确密码后，提示系统管理员强制要求立即更改密码，输入当前密码后，提示输入新密码，测试完成。代码如下：

```
[root@jan16-PC ~]# useradd Test
[root@jan16-PC ~]# su - Test
[Test@jan16-PC ~]$ su - Huang
密码：Jan16@123
You are required to change your password immediately (administrator enforced).
为 Huang 更改 STRESS 密码
Current password: Jan16@123
新的密码：admini@123
重新输入新的密码：admini@123
[Huang@jan16-PC ~]$
```

（5）使用同样的方法创建 Zhang、Li、Zhao、Song 四个账户，代码如下：

```
[root@jan16-PC ~]# useradd -m -s /bin/bash -c "张工" Zhang
[root@jan16-PC ~]# echo jan16@121 | passwd --stdin Zhang
[root@jan16-PC ~]# useradd -m -s /bin/bash -c "李工" Li
[root@jan16-PC ~]# echo jan16@122 | passwd --stdin Li
[root@jan16-PC ~]# useradd -m -s /bin/bash -c "赵工" Zhao
[root@jan16-PC ~]# echo jan16@124 | passwd --stdin Zhao
[root@jan16-PC ~]# useradd -m -s /bin/bash -c "宋工" Song
[root@jan16-PC ~]# echo jan16@125 | passwd --stdin Song
```

（6）查看账户创建情况，代码如下：

```
[root@jan16-PC ~]# cat /etc/passwd
Huang:x:1001:1001:黄主任:/home/Huang:/bin/bash
Test:x:1002:1002::/home/Test:/bin/bash
Zhang:x:1003:1003:张工:/home/Zhang:/bin/bash
Li:x:1004:1004:李工:/home/Li:/bin/bash
Zhao:x:1005:1005:赵工:/home/Zhao:/bin/bash

Song:x:1006:1006:宋工:/home/Song:/bin/bash
```

▶ 任务验证

用任务实施中修改后的密码登录，Kylin 系统将以 Huang 账户登录，选择【控制面板】→【系统配置】→【用户账户】选项，如图 3-3 所示。

图 3-2 账户 Huang 成功登录系统的界面

任务 3-2 管理信息中心的组账户

任务 3-2 管理信息中心的组账户

▶ 任务规划

公司信息中心网络管理组员工试用了基于 Kylin 系统的服务器一段时间后，决定在服务器上部署业务系统进行系统测试，等确定该系统能稳定支撑公司业务后再做业务系统迁移，并在这台服务器上创建共享，同时将系统测试文档统一存放在网络共享文件中。

公司业务系统的管理涉及信息中心网络管理组和系统管理组的所有员工，公司信息中心需要为每位员工账户授予管理权限。

根据图 3-1、表 3-1 和 Kylin 系统的权限情况，网络工程师对用户隶属组账户做了如下分析。

（1）该公司信息中心黄工是信息中心主任，具有完全控制权限，并且可以向其他用户分配用户权利和访问控制权限，拥有服务器管理的最高权限，即 root 用户，该用户应隶属 root 组。

（2）网络管理组由张工和李工两位工程师组成，需要对该服务器的网络服务做相关配置和管理，负责服务器的网络管理权限。网络管理组可以更改网卡配置方面的文件，并更新和发布 TCP/IP 地址，两位工程师没有修改其他用户密码和结束其他用户进程的权限，张工和李工两个账户应隶属 Netadmins 组。

（3）系统管理组由赵工和宋工两位工程师组成，需对系统进行修改、管理和维护，系统管理组需要对系统具有完全控制权限，赵工和宋工两个账户应隶属 root 组。

（4）从信息中心内部组织架构和后续权限管理需求出发，需要分别为网络管理组和系统管理组创建组账户：Netadmins 和 Sysadmins，并将组成员添加到自定义组中。

综上，网络工程师对信息中心所有用户的操作权限和系统内置组做了映射，结果如表 3-6 所示。

表 3-6　服务器系统自定义组规划表

用户账户	隶属自定义组	权　限
Zhang Li	**Netadmins**	网络管理 虚拟化管理
Huang Zhao Song	**Sysadmins**	系统管理

因此，本任务的主要操作步骤如下。

（1）创建对应用户账户。

（2）创建组，并将对应用户账户添加到对应组中。

（3）设置用户账户的隶属组，赋予用户对应的系统权限。

▶ 任务实施

1. 创建本地组账户，并配置其隶属的系统内置组

（1）使用 root 用户，在终端创建 Netadmins 组和 Sysadmins 组，代码如下：

```
[root@jan16-PC ~]# groupadd Netadmins
[root@jan16-PC ~]# groupadd Sysadmins
```

（2）创建完成后，查看配置文件，验证两个组是否创建成功，代码如下：

```
[root@jan16-PC ~]# cat /etc/group
Netadmins:x:1007:
Sysadmins:x:1008:
```

2. 设置用户账户的隶属组账户

（1）将 Zhang 用户和 Li 用户加入 Netadmins 组，并查看用户的组 ID 是否发生变化，

代码如下：

```
[root@jan16-PC ~]# usermod -g Netadmins Zhang
[root@jan16-PC ~]# usermod -g Netadmins Li

[root@jan16-PC ~]# cat /etc/passwd
Zhang:x:1003:1007: 张工 :/home/Zhang:/bin/bash
Li:x:1004:1007: 李工 :/home/Li:/bin/bash
```

（2）使用同样的方法将 Huang、Zhao、Song 账户加入 Sysadmins 组，并查看用户的组 ID 是否发生变化，代码如下：

```
[root@jan16-PC ~]# usermod -g Sysadmins Huang
[root@jan16-PC ~]# usermod -g Sysadmins Zhao
[root@jan16-PC ~]# usermod -g Sysadmins Song

[root@jan16-PC ~]# cat /etc/passwd
Huang:x:1001:1008: 黄主任 :/home/Huang:/bin/bash
Zhao:x:1005:1008: 赵工 :/home/Zhao:/bin/bash
Song:x:1006:1008: 宋工 :/home/Song:/bin/bash
```

（3）将 Huang 账户加入 root 组，并为 Huang 账户提升权限为系统管理员，使得该账户拥有对系统的完全控制权限，代码如下：

```
[root@jan16-PC ~]# usermod -g root Huang

[root@jan16-PC ~]# cat /etc/passwd
Huang:x:1001:0: 黄主任 :/home/Huang:/bin/bash
```

（4）修改配置文件，为 Huang 账户授予系统管理员的权限，使用 root 用户修改 /etc/sudoers 文件，添加对应的加粗字体的权限，并使用【wq！】命令进行保存并退出，此时 Huang 账户已经获取 root 用户的权限，切换到 Huang 账户下，可以使用【sudo -i】命令输入密码后，去执行系统管理员权限下对应的操作，如查看 /etc/sudoers 文件。代码如下：

```
[root@jan16-PC ~]# vim /etc/sudoers
## Allow root to run any commands anywhere
root     ALL=(ALL)        ALL
Huang    ALL=(ALL)        ALL
[root@jan16-PC ~]# su - Huang
[Huang@jan16-PC root]$ sudo -i
```

我们信任您已经从系统管理员那里了解了日常注意事项。

总结起来无外乎这三点：

#1)　尊重别人的隐私。

#2)　输入前要先考虑（后果和风险）。

#3)　权力越大，责任越大。

请输入密码

```
[sudo] Huang 的密码:
[root@jan16-PC ~]# tail /etc/sudoers -n 25
## The COMMANDS section may have other options added to it.
##
## Allow root to run any commands anywhere
root    ALL=(ALL)      ALL
Huang   ALL=(ALL:ALL)     ALL


## Allows members of the 'sys' group to run networking, software,
## service management apps and more.
# %sys ALL = NETWORKING, SOFTWARE, SERVICES, STORAGE, DELEGATING, PROCESSES,
LOCATE, DRIVERS


## Allows people in group wheel to run all commands
%wheel ALL=(ALL)      ALL


## Same thing without a password
# %wheel       ALL=(ALL)      NOPASSWD: ALL


## Allows members of the users group to mount and unmount the
## cdrom as root
# %users  ALL=/sbin/mount /mnt/cdrom, /sbin/umount /mnt/cdrom


## Allows members of the users group to shutdown this system
# %users  localhost=/sbin/shutdown -h now


## Read drop-in files from /etc/sudoers.d (the # here does not mean a comment)
#includedir /etc/sudoers.d
```

（5）没有进行配置的账户无法使用【sudo -i】命令获取系统管理员的权限，代码如下：

```
[root@jan16-PC ~]# su - Li
[Li@jan16-PC ~]$ sudo -i
我们信任您已经从系统管理员那里了解了日常注意事项。
总结起来无外乎这三点:
```

```
#1) 尊重别人的隐私。
#2) 输入前要先考虑（后果和风险）。
#3) 权力越大，责任越大。


[sudo] Li 的密码：
Li 不在 sudoers 文件中。此事将被报告。
```

（6）对于 Zhang 账户和 Li 账户进行限制。允许 Zhang 账户执行 /usr/bin、/bin 目录下面的所有命令，但是为了保障系统的安全性，需要限制 Zhang 账户不可以修改其他账户的密码和 kill 其他账户的进程。Li 账户可以使用 /bin 目录下面的所有命令，但是不能修改其他账户的密码及 kill 其他账户的进程和使用【nmcli】命令，在 /etc/sudoers.d 目录下使用【visudo】命令创建与账户同名的策略文件并写入以下配置。代码如下：

```
[root@jan16-PC ~]# visudo -f /etc/sudoers.d/Zhang
Zhang ALL=/usr/bin/,!/usr/bin/passwd,/bin,!/bin/kill

[root@jan16-PC ~]# visudo -f /etc/sudoers.d/Li
Li ALL=/bin/,!/usr/bin/passwd,!/bin/kill
```

使用【visudo】命令安全地编辑 sudoers 文件：
- 需要超级管理员权限。
- 默认编辑 /etc/sudoers 文件。
- sudoers 文件的默认权限是 440，即默认无法修改。
- 【visudo】命令可以在不更改 sudoers 文件权限的情况下，直接修改 sudoers 文件。
- -f 等同于 --file=sudoers，指定 sudoers 文件所在位置。

（7）将 Zhao 账户和 Song 账户加入 root 组，代码如下：

```
[root@jan16-PC ~]# usermod -g root Zhao
[root@jan16-PC ~]# usermod -g root Song

[root@jan16-PC ~]# cat /etc/passwd
Zhao:x:1005:0:赵工:/home/Zhao:/bin/bash
Song:x:1006:0:宋工:/home/Song:/bin/bash
```

▶ 任务验证

Zhang 账户隶属 Netadmins 组，而该账户并不是系统管理员，但是该账户的权限为可以使用 /usr/bin、/bin 目录下面的所有命令，而不能使用【kill】和【passwd】命令去修改其他账户的密码和进程。代码如下：

```
[Zhang@jan16-PC ~]$ sudo kill
[sudo] Zhang 的密码:
对不起, 账户 Zhang 无权以 root 的身份在 jan16-PC 上执行 /usr/bin/kill。
[Zhang@jan16-PC ~]$ sudo passwd
[sudo] Zhang 的密码:
对不起, 账户 Zhang 无权以 root 的身份在 jan16-PC 上执行 /usr/bin/passwd。
[Zhang@jan16-PC ~]$ sudo nmcli con add con-name test type Ethernet ifname eth0
[sudo] Zhang 的密码:
连接 "test" (801a203a-8738-4f10-aafb-763f5168bdea) 已成功添加。
```

Li 账户隶属 Netadmins 组, 而该账户并不是系统管理员, 但是该账户的权限为可以使用 /usr/bin、/bin 目录下面的所有命令, 而不能使用【kill】和【passwd】命令去修改其他账户的密码和进程。代码如下:

```
[Li@jan16-PC ~]$ sudo kill
对不起, 账户 Li 无权以 root 的身份在 jan16-PC 上执行 /usr/bin/kill。
[Li@jan16-PC ~]$ sudo passwd
对不起, 账户 Li 无权以 root 的身份在 jan16-PC 上执行 /usr/bin/passwd。
[Li@jan16-PC ~]$ sudo nmcli con del test
成功删除连接 "test" (801a203a-8738-4f10-aafb-763f5168bdea)。
```

练 习 与 实 践

一、理论习题

1. Kylin 系统中默认的超级管理员账户是_____。

A. admin　　　　　B. root　　　　　C. supervisor　　　　D. administrator

2. 需要展示 Linux 中某目录的目录结构时, 可以使用的命令是_____。

A. tree　　　　　B. cd　　　　　C. mkdir　　　　D. cat

3. 需要创建一个名为 /jan16/test 的目录, 可以使用的命令是_____。

A. mkdir -pv /jan16/test　　　　　　B. touch /jan16/test

C. rm -rf /jan16/test　　　　　　　　D. vim /jan16/test

4. 新建的磁盘需要进行永久挂载, 需要修改的配置文件是_____。

A. /etc/fstab　　　B. /etc/sysconfig　　　C. /usr/local　　　D. /dev/cdrom

二、项目实训题

1．项目背景

公司研发部由研发部主任赵工、软件开发组钱工和孙工、软件测试组李工和简工 5 位工程师组成，组织架构图如图 3-3 所示。

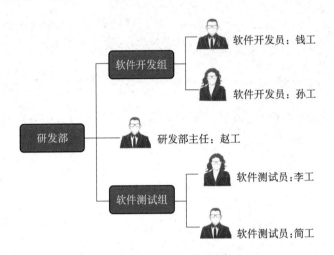

图 3-3　组织架构图

研发部为满足新开发软件产品部署需要，特采购了一台安装了 Kylin 系统的服务器供部门进行软件部署和测试。研发部根据员工的岗位工作需要，为每个岗位规划了相应权限，员工具体权限如表 3-7 所示。

表 3-7　研发部员工账户信息表

员　工	用户账户	权　限	备　注
赵工	Zhao	系统管理	研发部主任
钱工	Qian	系统管理	软件开发组
孙工	Sun		
李工	Li	网络管理 系统备份 打印管理	软件测试组
简工	Jian		

2．项目要求

（1）根据项目背景、研发部员工用户账户权限、自定义组信息和用户隶属组关系，完成表 3-8。

表 3-8　研发部用户和组账户权限规划表

自定义组名称	隶属系统内置组	组成员	权限

（2）根据表 3-8 的规划，在研发部的服务器上进行部署（要求所有用户第一次登录系统时需要修改密码），并截取以下系统截图。

①截取用户管理界面，并截取所有用户属性对话框中的隶属组选项卡界面。

②截取组管理界面。

项目 4 Kylin 系统的基础配置

[学习目标]

（1）掌握企业 Kylin 系统常规的初始化配置操作。

（2）理解企业生产环境下 Kylin 系统初始化配置的标准流程。

 项目描述

Jan16 公司在信息中心机房上架了一台新的应用服务器，并安装了全新的 Kylin 系统。为确保服务器系统能安全稳定地运行，要为服务器上的应用创建统一的底层操作系统环境。现在需要运维工程师对这台服务器进行初始化配置。服务器基本配置信息如表 4-1 所示。

表 4-1　服务器基本配置信息表

配置名称	配置信息
设备名称	HP Z840
超级管理员登录账号	root
超级管理员登录密码	Jan16@123

为了日后服务器配置的规范化，公司要求对服务器进行初始化配置时做到如下几点。

（1）业务主机入网前需要统一基础环境，如语言、时区、键盘布局等；

（2）默认使用本地软件仓库源提供软件包；

（3）业务主机统一使用静态 IP 地址提供业务访问；

（4）业务主机需要确保系统时间的准确性；

（5）业务主机需要配置安全的远程登录访问，以便日后业务调试、日常巡检及故障修复等工作。

 项目分析

根据公司需求，运维工程师需要完成 Kylin 系统的初始化配置工作，具体有如下几个工作任务。

（1）配置系统的基本环境，完成系统日期和时间、时区、键盘布局、语言的修订；

（2）配置系统的网络连接，将服务器接入网络并配置好安全远程登录；

（3）校准系统时间，确保本地时间的准确性。

为了完成上述工作任务，运维工程师对服务器基本配置信息进行了规划，如表 4-2 所示。

表 4-2　服务器基本配置信息规划表

配置名称	配置信息
主机名	AppServer
系统时区	Asia/Shanghai
键盘布局	en
语言	zh_CN.UTF-8
IP 地址	192.168.1.200/24
网关	192.168.1.254
DNS 服务器地址	114.114.114.114
NTP 服务器	ntp.aliyun.com（主）

4.1　网络连接的基本概念

将一台服务器接入网络前，需要了解以下概念。

1. 局域网和广域网

按照覆盖范围的不同，网络主要可以分成局域网和广域网。局域网（Local Area Network，LAN）又称为内网，主要指覆盖局部区域（如办公室或楼层）的计算机网络。广域网（Wide Area Network，WAN）又称为外网，主要指连接不同地区的局域网或城域网的计算机通信的远程网。一般情况下，服务器接入局域网中，其网络流量可通过路由器、防火墙等设备进入到广域网。

2. IP 地址

IP 地址（Internet Protocol Address，IP Address）是设备接入网络的标识。服务器通过配置 IP 地址与其他服务器或设备进行通信，如果没有 IP 地址，服务器将无法识别发送方和接收方，因此 IP 地址除了有设备标识的功能，还有寻址的功能。

目前，IP 地址主要分为 IPv4 地址与 IPv6 地址两大类。IPv4 地址由 4 个十进制数字组成，并以【.】符号分隔，如 172.16.254.1。IPv6 地址由十六进制数字（转换为二进制数则是 128 位）组成，以【 : 】符号分隔，如 2001:db8:0:1234:0:567:8:1。不同的局域网 IP 地址可以通过"子网掩码"（标识 IP 地址位数的十进制数字，IPv4 地址最大是 32 位，IPv6 地址最大是 128 位）进行划分，也就是我们所说的网段，如 172.16.254.0/24，其中 24 代表子网掩码的长度。

3. 网关

在计算机网络中，网关（Gateway）是用于转发其他服务器通信数据的设备，一般情况下，我们也将路由器的 IP 地址称为网关，网关通常用于连接局域网和互联网。

4. 主机名

主机名（Hostname）就是服务器系统中显示的名字，其作用类似人的名字。一般情况下，在网络上寻找和定位一台计算机是通过 IP 地址来进行的，但是 IP 地址的可读性对于人类来说难以记忆。因此，人们就用易读好记的、有意义的单词来代替 IP 地址，而这就是主机名（域名）。

5. 域名系统

域名系统（Domain Name System, DNS）是将主机名（域名）和 IP 地址相互映射的一个分布式数据库，为了实现用主机名来定位和寻找一台计算机的目标，需要在设备中设置 DNS 服务器的 IP 地址。DNS 服务器的 IP 地址允许与设备处于不同的网段，只要主机通过寻址到达 DNS 即可。

在 Kylin 系统中，默认使用 NetworkManager 进程管理网卡的配置。用户可以通过控制中心中的"网络"选项、终端图形界面工具"nmtui"、终端命令行工具"nmcli"三种方式配置上述网络配置信息。

4.2　系统时间

服务器系统时间的准确性非常重要，特别是在对外提供应用服务的系统上，错误的时间会带来糟糕的用户体验，甚至会引起数据错误进而造成重大损失。在 Kylin 系统中，时间准确性是由 NTP 协议来确保的，该协议主要通过在系统内部运行的守护进程将系统内核的时钟信息与网络中的时钟信息进行核对。若两者出现偏差，则以网络中的时钟信息为准，通过特定的机制更新内核中运行的系统时钟。而网络中的时钟信息则被称作"时间源"。

4.3　SSH 远程登录

安全外壳（Secure Shell，SSH）协议是一种加密的网络传输协议，可在不安全的网络中为网络服务提供安全的传输环境。SSH 通过在网络中创建安全隧道来实现 SSH 客户端与服务器之间的连接。SSH 最常见的用途是远程登录系统，人们通常利用 SSH 来传输命令行界面和远程执行命令。

当 Kylin 服务器建立好网络连接后，用户便可以远程从网络访问和管理系统。SSH 是最通用的远程系统管理工具之一。它允许用户远程登录系统及执行命令。SSH 可以使用加密技术在网络中传输数据，具有很高的安全性。用户在网络连接畅通的情况下，可以使用 SSH 的客户端连接到启用了 SSH 的主机。常用的 SSH 客户端如表 4-3 所示。

表 4-3　常用的 SSH 客户端

SSH 客户端名称	平　台	特　点
openssh-client	Linux	由 openssh 软件提供，Linux 自带 SSH 客户端
putty	Windows	开源软件，免费使用，软件小巧，免安装，方便携带
xshell	Windows	商业软件，对学校、家庭免费使用，功能强大
MobaXterm	Windows	商业软件，可免费使用，支持多种远程工具和命令

在远程连接服务器系统时，因为涉及输入服务器的 IP 地址、登录的账号、密码等安全敏感信息，所以一般在部署实施远程连接、进行远程登录操作时，要特别注意安全要素，既要对服务器进行安全加固，也要对客户端进行安全审查。

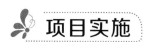 项目实施

扫一扫，
看微课

任务 4-1　配置系统的基本环境

任务 4-1　配置系统的基本环境

▶ 任务规划

在本任务中，运维工程师需要根据服务器基本配置信息规划表来配置系统的基本环境，本任务需要完成如下任务。

（1）配置系统的日期和时间。

（2）配置系统本地化及语言。

（3）配置系统键盘布局。

▶ 任务实施

1. 配置系统的日期和时间

（1）通过【date】命令确认当前的系统日期和时间。代码如下：

```
[root@jan16-PC ~]# date
2021 年 11 月 10 日 星期三 09:04:10 CST
## 从上面可以看出当前系统时间为 2021 年 11 月 10 日星期三的 9 点 04 分，其中 CST 表示中国标准时间
```

（2）通过【date -s】命令可以修改当前系统日期和时间，例如，修改时间为 2021 年 11 月 10 日的 20 点 21 分。代码如下：

```
[root@jan16-PC ~]# date -s "2021-11-10 20:21"
2021 年 11 月 10 日 星期三 20:21:00 CST
```

（3）通过【date -s】命令能修改系统内核的时间，为了确保系统内核时间与硬件时钟时间一致，需要执行【hwclock-w】命令进行同步。代码如下：

```
[root@jan16-PC ~]# hwclock -w
```

（4）为了确保时区的正确性，需要通过【timedatectl】命令修改当前系统时区为亚洲 / 上海（东八区）。代码如下：

```
[root@jan16-PC ~]# timedatectl set-timezone Asia/Shanghai
```

2. 配置系统本地化及语言

（1）通过【localectl status】命令查看当前系统本地化设置。代码如下：

```
[root@jan16-PC ~]# localectl status
   System Locale: LANG=zh_CN.UTF-8
## 此处说明当前的本地化设置为 LANG=zh_CN.utf8
                  LANGUAGE=zh_CN
       VC Keymap: cn
      X11 Layout: cn
```

（2）通过【localectl set-locale】命令修改系统本地化设置。用户也可以通过【localectl list-locales】命令列出更多的可用本地化设置。代码如下：

```
[root@jan16-PC ~]# localectl set-locale LANG=en_US.UTF-8
```

3.配置系统键盘布局

（1）通过【localectl status】命令确认当前操作系统的默认键盘布局。代码如下：

```
[root@jan16-PC ~]# localectl status
    System Locale: LANG=zh_CN.UTF-8
      VC Keymap: cn         ## 此处说明当前 VC 没有设定为键盘布局
      X11 Layout: cn        ## 此处说明 X11 界面设定的键盘布局为 cn
```

（2）通过【localectl】命令将当前操作系统的键盘布局修改为 en。代码如下：

```
[root@jan16-PC ~]# localectl set-keymap en
```

▶ 任务验证

（1）通过【timedatectl】命令查看当前的系统日期和时间的详细信息。代码如下：

```
[root@jan16-PC ~]# timedatectl
                Local time: 三 2021-11-10 20:27:54 CST
            Universal time: 三 2021-11-10 12:27:54 UTC
                  RTC time: 三 2021-11-10 12:28:13
                 Time zone: Asia/Shanghai (CST, +0800)
System clock synchronized: no
               NTP service: active
             RTC in local TZ: no
```

（2）通过【localectl】命令查看系统本地化、系统键盘布局、系统语言。代码如下：

```
[root@jan16-PC ~]# localectl status
      System Locale: LANG=en_US.UTF-8
         VC Keymap: en
         X11 Layout: cn
```

扫一扫，
看微课

任务 4-2　配置系统的网
络连接

任务 4-2　配置系统的网络连接

▶ 任务规划

在配置服务器系统的基本环境后，运维工程师需要根据服务器基本配置信息规划表将服务器接入局域网，其中涉及主机名及网络地址的配置，主要通过如下几个步骤完成。

（1）配置服务器的主机名。

（2）配置服务器的网络地址信息。

（3）配置服务器安全远程登录。

本任务实施拓扑图如图 4-1 所示。

图 4-1　任务实施拓扑图

▶ 任务实施

1.配置服务器的主机名

（1）通过【hostnamectl】命令配置服务器主机名为 AppServer。代码如下：

```
[root@jan16-PC ~]# hostnamectl set-hostname AppServer
```

（2）重启命令行界面或注销后重新登录可立即生效主机名的配置。代码如下：

```
[root@jan16-PC ~]# bash
[root@AppServer ~]#
```

2.配置服务器的网络地址信息

（1）通过【ip link show】命令确认服务器网卡信息。代码如下：

```
[root@AppServer ~]# ip link show
1: lo: <LOOPBACK,UP,LOWER_UP> mtu 65536 qdisc noqueue state UNKNOWN mode DEFAULT
group default qlen 1000
    link/loopback 00:00:00:00:00:00 brd 00:00:00:00:00:00
2: ens33: <BROADCAST,MULTICAST,UP,LOWER_UP> mtu 1500 qdisc fq_codel state UP
mode DEFAULT group default qlen 1000
link/ether 00:0c:29:ef:86:53 brd ff:ff:ff:ff:ff:ff
```
　　以上可以确认当前服务器有两个接口，1 为 lo 接口（本地环回接口）；2 为 ens33 接口，这是我们需要配置的接口，从后面的【UP,LOWER_UP】可以看出此接口已经连接好网线，是物理上可用的状态。

（2）通过【nmcli】命令修改 ens33 网卡的 IP 地址，这里设置为"192.168.1.200/24"。

代码如下：

```
[root@AppServer ~]# nmcli connection modify ens33 ipv4.addresses 192.168.1.200/24
```

（3）通过【nmcli】命令修改 ens33 网卡的默认网关，这里设置为"192.168.1.254"。
代码如下：

```
[root@AppServer ~]# nmcli connection modify ens33 ipv4.gateway 192.168.1.254
```

（4）通过【nmcli】命令修改 ens33 网卡的 IP 地址获取方式为静态配置。代码如下：

```
[root@AppServer ~]# nmcli connection modify ens33 ipv4.method  manual
```

（5）通过【nmcli】命令修改 ens33 网卡的 DNS 服务器地址为"114.114.114.114"。代
码如下：

```
[root@AppServer ~]# nmcli connection modify ens33 ipv4.dns 114.114.114.114
```

（6）通过【nmcli】命令激活 ens33 的最新配置信息。代码如下：

```
[root@AppServer ~]# nmcli connection up ens33
```

3. 配置服务器安全远程登录

（1）在运维部 PC 中打开终端命令行，并执行【ssh-keygen】命令生成 SSH 密钥对。
代码如下：

```
[root@PC1 ~]# ssh-keygen
Generating public/private rsa key pair.
Enter file in which to save the key (/root/.ssh/id_rsa):
Created directory '/root/.ssh'.
Enter passphrase (empty for no passphrase):
Enter same passphrase again:
Your identification has been saved in /root/.ssh/id_rsa
Your public key has been saved in /root/.ssh/id_rsa.pub
The key fingerprint is:
SHA256:DscJsYSVwaz3U90s8Uw4/iypVPBdNCfYtB27wwt3VDw root@localhost.localdomain
The key's randomart image is:
+---[RSA 3072]----+
|     ==o     =o=+|
|     ..+o  . = oEO|
```

```
|     .o    = X.o+|
|    . .o .. * B..|
|     ...S. . * =.|
|      +o . o = +|
|       .o . . . |
|         .     |
|               |
+----[SHA256]-----+
```

（2）在运维部 PC 中执行【ssh-copy-id】相关命令将 SSH 公钥上传至服务器，完成安全远程登录的配置。代码如下：

```
[root@PC1 ~]# ssh-copy-id -f root@192.168.1.200
usr/bin/ssh-copy-id: INFO: Source of key(s) to be installed: "/root/.ssh/id_rsa.
pub"

Authorized users only. All activities may be monitored and reported.
root@192.168.1.200's password:

Number of key(s) added: 1

Now try logging into the machine, with:   "ssh 'root@192.168.1.200'"
and check to make sure that only the key(s) you wanted were added.
```

▶ 任务验证

（1）通过【ip addr show】命令查看网卡的 IP 地址信息，应能查看到 IP 地址已经生效。代码如下：

```
[root@AppServer ~]# ip addr show ens33
2: ens33: <BROADCAST,MULTICAST,UP,LOWER_UP> mtu 1500 qdisc fq_codel state UP
group default qlen 1000
    link/ether 00:0c:29:ef:86:53 brd ff:ff:ff:ff:ff:ff
    inet 192.168.1.200 brd 192.168.1.255 scope global dynamic noprefixroute
ens33
## 省略显示部分内容 ##
```

（2）通过【ip route show】命令查看系统默认的网关地址，应能查看到配置正确。代码如下：

```
[root@AppServer ~]# ip route show default
default via 192.168.1.254 dev ens33 proto static metric 100
```

（3）通过【cat】命令查看 DNS 服务器配置文件 /etc/resolv.conf，应能看到文件中 nameserver 的值为 114.114.114.114。代码如下：

```
[root@AppServer ~]# cat /etc/resolv.conf
# Generated by NetworkManager
nameserver 114.114.114.114
```

（4）通过【hostname】命令查看配置好的主机名。代码如下：

```
[root@AppServer ~]# hostname
AppServer
```

（5）在运维部 PC 上使用【ssh】相关命令进行 SSH 安全远程登录测试，登录时应免输密码。代码如下：

```
[root@PC1 ~]# ssh root@192.168.1.200

Authorized users only. All activities may be monitored and reported.

Authorized users only. All activities may be monitored and reported.
Web console: https://localhost:9090/ or https://192.168.1.200:9090/

Last login: Wed Nov 10 10:22:01 2021 from 192.168.1.10
[root@AppServer ~]#
```

扫一扫，
看微课

任务 4-3　校准系统时间

任务 4-3　校准系统时间

▶ 任务规划

为进一步确保服务器系统时间的准确性，运维工程师需要为服务器配置 NTP 时间源，步骤如下。

（1）修改 Chrony 服务主配置文件。

（2）启动 Chrony 服务。

► 任务实施

1. 修改 Chrony 服务主配置文件

通过【vim】命令编辑 /etc/chrony.conf 配置文件，添加规划的 NTP 时间源服务器记录。代码如下：

```
[root@AppServer ~]# vim /etc/chrony.conf
# Use public servers from the pool.ntp.org project.
# Please consider joining the pool (http://www.pool.ntp.org/join.html).
pool pool.ntp.org iburst
server ntp.aliyun.com iburst
```

2. 启动 Chrony 服务

通过【systemctl】命令启动 Chrony 服务守护进程，并设置为开机自动启动。代码如下：

```
[root@AppServer ~]# systemctl start chronyd
[root@AppServer ~]# systemctl enable chronyd
```

► 任务验证

（1）若开启的 NTP 时间同步，则无法手动配置系统时间。代码如下：

```
[root@AppServer ~]# timedatectl  set-time  '16:00'
Failed to set time: Automatic time synchronization is enabled
```

（2）通过【timedatectl status】命令应能查看到时钟状态为系统时间已同步。代码如下：

```
[root@AppServer ~]# timedatectl status
               Local time: 三 2021-11-10 10:55:57 CST
           Universal time: 三 2021-11-10 02:55:57 UTC
                 RTC time: 三 2021-11-10 02:55:57
                Time zone: Asia/Shanghai (CST, +0800)
System clock synchronized: yes
              NTP service: active
          RTC in local TZ: no
```

（3）通过【chronyc sources -v】命令查看系统时间源。代码如下：

```
[root@AppServer ~]# chronyc sources -v
210 Number of sources = 4

  .-- Source mode  '^' = server, '=' = peer, '#' = local clock.
 / .- Source state '*' = current synced, '+' = combined , '-' = not combined,
| /   '?' = unreachable, 'x' = time may be in error, '~' = time too variable.
||                                               .- xxxx [ yyyy ] +/- zzzz
||      Reachability register (octal) -.         |  xxxx = adjusted offset,
||      Log2(Polling interval) --.      |        |  yyyy = measured offset,
||                               \      |        |  zzzz = estimated error.
||                                |     |         \
MS Name/IP address           Stratum Poll Reach LastRx Last sample
===============================================================================
^* 120.25.115.20                 2    6   177    43   -822us[-4260us] +/- 9656us
^- tick.ntp.infomaniak.ch        1    6   177    40   +118ms[ +118ms] +/-  294ms
^- 139.199.214.202               2    6   307   100  +8912us[+6446us] +/-   48ms
^- tock.ntp.infomaniak.ch        1    6   277    39   +35ms[  +35ms] +/-  157ms
```

练 习 与 实 践

一、理论习题

1. 以下哪项不是 Kylin 系统的软件安装命令（　　　）？

A. rpm　　　　　　　B. yum　　　　　　　C. apt　　　　　　　D. dnf

2. Kylin 系统使用以下哪个命令能查看到系统时间源（　　　）？

A. chronyc sources -v　　　　　　B. timedatectl　　　　　　C. timedatectl status

3. 以下哪种情况不是造成 Linux 主机 A 无法 ping 通 Linux 主机 B 的原因？（　　　）

A. 主机 A 和主机 B 在同一局域网中，主机 A 和主机 B 都没有配置网关

B. 主机 A 和主机 B 不在同一个局域网中，主机 B 没有配置网关

C. 主机 A 和主机 B 在同一局域网中，主机 A 没有执行【nmcli connection ens33 up】命令

D. 主机 A 和主机 B 在不同局域网中，主机 A 的网关上没有去往主机 B 的路由信息

4. 主机 A 和主机 B 执行命令的记录如下所示，说法正确的是（　　　）？

```
[root@hostA ~]# ssh-keygen
[root@hostA ~]# ssh-copy-id hostB
[root@hostB ~]# vim /etc/chrony/chrony.conf
# pool 2.debain.pool.ntp.org iburst
```

```
server hostA iburst
[root@hostB ~]# systemctl start chronyd
```

A. 主机 B 能免密登录主机 A

B. 主机 A 和主机 B 能互相免密登录

C. 主机 A 只有一个时间同步源，时间同步源是主机 B

D. 主机 B 只有一个时间同步源，时间同步源是主机 A

5. 主机 A 的某配置信息如下所示，说法正确的是（　　　）？

```
type=ethernet
method=manual
id=ens32
address1=172.16.11.103/24,172.16.11.254
```

A. 这是主机 A 上名为 ens33.nmconnection 的网卡配置文件，对应的设备名称为 ens32

B. 主机 A 重启 ens32 网卡后，该网卡没有 IP 地址

C. 主机 A 使用的是动态 IP 地址

D. 此配置文件中 IP 地址是 172.16.11.254

二、项目实训题

Jan16 公司上架了多台 Kylin 系统服务器，运维管理员需要根据配置要求，初始化各设备系统。项目实施拓扑图如图 4-2 所示。

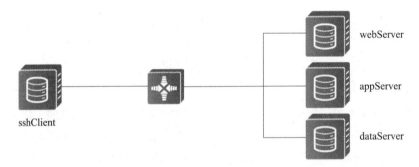

图 4-2　项目实施拓扑图

各设备配置要求规划如表 4-4 所示。

表 4-4　各设备配置要求规划表

序号	设备	主机名	IP 地址	安装应用
1	webServer	Jan16-web	192.168.1.101/24	httpd
2	appServer	Jan16-app	192.168.1.102/24	php

序号	设备	主机名	IP 地址	安装应用
3	dataServer	Jan16-data	192.168.1.103/24	mariadb
4	sshClient	Jan16-ssh	192.168.1.104/24	openssh-clients

（1）分别在 4 台设备上截取执行【hostname】命令查看主机名的结果图。

（2）分别截取在 4 台设备上成功安装应用的结果图。

（3）在 webServer 设备上使用【ping】命令测试 webserver 与其他 3 台设备的连通性并截取结果图。

（4）实现 sshClient 可以通过免输入密码的方式远程登录其他 3 台设备，截取免密登录成功的结果图。

项目 5　企业内部数据存储与共享

［学习目标］

（1）掌握企业 Linux 服务器实现内部数据存储与共享的方式。

（2）掌握企业 Samba 服务器用户认证方式。

（3）理解企业生产环境下 Samba 服务器配置的标准流程。

 项目描述

  Jan16 公司的员工大多数使用 Windows 系统，部分技术人员使用 Linux 系统或 MacOS 系统。由于 Windows、Linux 与 MacOS 系统使用的是不同的文件系统格式，导致员工之间进行文件资源的共享时存在障碍。为了解决此问题，公司将在已经安装了 Kylin 系统的服务器上部署内部的数据存储与共享服务器，实现跨平台的文件共享。该数据存储与共享服务器的基本信息如表 5-1 所示。

表 5–1　数据存储与共享服务器基本信息表

配置名称	配置信息
设备名	HPZ840
CPU	2 核心 2 线程
内存	2GB
存储	100GB
主机名	FileServer
IP 地址	192.168.1.100/24

  根据调研，Jan16 公司希望不同部门、不同级别的员工享有不同的资源访问或写入权限，在建设数据存储与共享服务器时，具体需求如下。

  （1）设置用于所有员工临时存放和交换文件的公共文件夹，所有人都能上传和下载公共文件夹中的文件，但每个人只能删除自己上传的文件，不能删除其他人上传的文件。

  （2）设置用于管理部发布各类通知/公告文件的文件夹，所有登录用户都可以访问，但只有管理部人员可以上传和删除文件。

  （3）设置用于保存财务相关的文件夹，只允许财务部人员访问并且只有财务部主管可

以上传和删除文件，其他人无访问权限。

项目任务实施拓扑如图 5-1 所示。

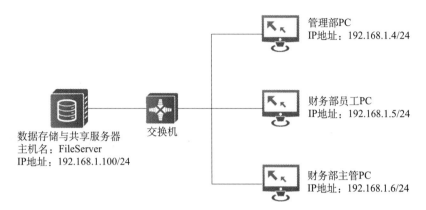

图 5-1　项目任务实施拓扑

 项目分析

根据 Jan16 公司的文件共享需求，运维管理员规划需要在数据存储与共享服务器 FileServer 上部署 Samba 服务。通过创建相应的文件夹作为共享目录并为各个部门的员工新建 Samba 登录用户，然后结合 Samba 中的用户访问权限管理和 Linux 文件系统权限管理，最终实现员工访问共享文件的权限控制。

综上，运维管理员需要完成如下几个任务。

（1）共享文件及权限的配置；

（2）配置 Samba 服务器的用户共享。

运维管理员对公司部分员工账户信息和文件共享资源的规划如表 5-2 和表 5-3 所示。

表 5-2　公司部分员工账户信息规划表

员工姓名	所属部门	用户账户	账户所属组	用户密码
张林	管理部	zhanglin	guanli	Jan16@111
马骏	财务部	majun	caiwu	Jan16@221
陈锋	财务部（主管）	chenfeng	caiwu	Jan16@222

表 5-3　文件共享资源规划表

共享名	详细路径	文件属主	文件属组	文件权限	可读用户	可写用户
公共	/share/public	root	root	1777	所有用户	所有用户
管理	/share/management	root	guanli	775	所有用户	guanli 组
财务	/share/financial	chenfeng	caiwu	750	caiwu 组	chenfeng

相关知识

5.1　Linux 文件权限

通过文件权限控制用户对文件的访问。Linux 文件系统权限管理简单而又灵活，易于理解和应用，又可以轻松地处理最常见的权限情况。

文件只具有三个应用权限的用户类别。文件归用户所有，通常是创建文件的用户。文件还归单个组所有，通常是创建该文件的主要用户组所有，但是可以进行更改。可以为所属用户、所属组和系统上非用户和非所属组成员的其他用户设置不同的权限。因此，用户权限覆盖组权限，从而覆盖其他权限。

只有三种权限可应用：读取、写入和执行。这些权限对访问文件和目录的影响如表 5-4 所示。

表 5-4　权限对访问文件和目录的影响

权　限	对文件的影响	对目录的影响
r（读取）	可以读取文件的内容	可以列出目录中的内容（文件名）
w（写入）	可以更改文件的内容	可以创建或删除目录中的任一文件
x（执行）	可以作为命令执行文件	可以访问目录中的内容（取决于目录中文件的权限）

与 NTFS 权限不同，Linux 文件权限仅适用于设置了 Linux 文件权限的目录或文件。目录中的子目录和文件不会自动继承目录的权限，但是，目录的权限可能会有效地阻止对其内容的访问。在每个文件或目录上直接设置 Linux 文件中的所有权限。

5.2　Samba 服务

Kylin 系统中的 Samba 服务提供了在 UNIX/Linux 系统中与 Windows 系统通过网络进行资源共享的功能。Samba 不仅可以作为独立的服务器共享文件和打印机，还可以集成 Windows Server 的域功能，扮演为域控制站（Domain Controller）及加入 Active Directory 成员。

Samba 提供如下的子服务。

（1）smb: 使用 smb 协议提供文件共享和打印服务。smb 服务还负责资源锁定和验证连接用户的工作。可以使用【systemctl】命令启动和停止 smb 服务。

（2）nmb: 使用基于 IPv4 的 NetBIOS 协议提供主机名和 IP 解析服务。除了名称解析，nmd 服务还允许浏览 smb 网络查找域、工作组、主机和打印机等信息。可以使用【systemctl】命令启动和停止 nmb 服务。

5.3　Samba 常用配置文件及参数解析

1. Samba 主配置文件 /etc/samba/smb.conf

（1）全局配置（Global）。全局配置参数及各参数的作用如表 5-5 所示。

表 5-5　全局配置参数及其作用

全局配置参数	作　用
Workgroup=MYGROUP	设置工作组名称
Server string = Samba Server Version %v	smb 服务器描述字段，参数 %v 为 smb 版本号
max connections = 0	指定连接 Samba 服务器的最大连接数，若超出连接数目则新的连接请求将被拒绝，0 表示不限制
log file =　/var/log/samba/log.%m	定义日志文件的存放位置和名称，参数 %m 表示到访的客户端主机名
max log size = 50	日志文件的最大容量为 50KB
security = user	Samba 作为独立服务器选项，指定 Samba 服务器使用的安全级别，默认为 user，需要账户和密码
security = share	用户访问 Samba 服务器不需要提供用户名和密码，安全性差
security = server	使用独立的远程主机来验证来访主机提供的口令（几种管理账户），如果认证失败，Samba 将使用用户级安全模式来作为替代方式
security = domain	域安全级别，使用主域控制器（PDC）来完成认证
passdb backend = tdbsam	设置 Samba 用户密码的存放方式，使用数据库文件来建立用户数据库
passwd backend = smbpasswd	使用【smbpasswd】命令为系统用户设置 Samba 服务的密码
passwd backend = ldapsam	基于 LDAP 的账户管理方式来验证用户
smb passwd file = /etc/samba/smbpasswd	定义 Samba 用户的密码文件
load print = yes	设置 Samba 服务启动时是否共享打印机设备
cups options = raw	打印机选项

（2）共享配置（Home）。共享配置参数及其作用如表 5-6 所示。

表 5-6　共享配置参数及其作用

共享配置参数	作　用
comment = Home Directories	用户个人主目录设置
browseable = no	是否允许其他用户浏览个人主目录，基于安全性考虑，建议设置为禁止
writable = yes	是否允许写入主目录
create mask = 0700	默认创建文件的权限
directory mask = 0700	默认创建目录的权限
valid users = %S, %D%w%S	设置可以访问的用户名单
read only = No	只允许可读权限，默认为否
path = /usr/local/samba	实际访问资源的物理路径
guest ok = yes	匿名用户可以访问

（续表）

共享配置参数	作　用
public = yes	是否允许目录共享，设置 yes 则表示共享此目录
write list = @user	拥有读取和写入权限的用户和组（以 @ 开头）
printable = yes	是否允许打印

2. /etc/samba/lmhosts 文件

该文件内存有 NetBIOS name 与主机 IP 地址的对应列表。Samba 启动时会自动获取局域网内的相关信息，一般不进行配置。

3. /etc/samba/smbpasswd 文件

Samba 服务器发布共享资源后，客户端访问 Samba 服务器，需要提交用户名和密码进行身份验证，验证合格后才可以登录。Samba 服务为了实现用户身份验证功能，将用户名和密码信息存放在 /etc/samba/smbpasswd 文件中，在客户端访问时，将用户提交的资料与文件中存放的信息进行对比，如果相同，并且 Samba 服务器其他安全设置允许，客户端与 Samba 服务器的连接才能建立成功，这个文件默认不存在，需要手动进行创建和配置。

4. /usr/share/doc/samba-<version> 文件

该文件是 Samba 技术手册，记录 Samba 服务版本及使用方法的相关文档。

5. 日志文件

Samba 服务的日志文件默认存放在 /var/log/samba 目录下，其中 Samba 会为每个连接到 Samba 服务器的计算机分别建立日志文件。使用【ls -a /var/log/samba】命令可以查看日志的所有文件。

当客户端通过网络访问 Samba 服务器后，会自动添加客户端的相关日志。所以，Linux 管理员可根据这些文件来查看用户的访问情况和服务器的运行情况。另外当 Samba 服务器工作异常时，也可通过 /var/log/samba 目录下的日志文件进行分析。

扫一扫，
看微课

任务 5-1　共享文件及
权限的配置

任务 5-1　共享文件及权限的配置

▶ 任务规划

运维管理员已经对服务器进行了初始化操作，为了完成公司内部数据存储与共享服务器的部署，需要首先配置需共享的文件及权限，根据总体规划，本任务涉及如下几个步骤。

（1）创建用户和组。

（2）创建共享目录。

（3）修改共享目录及权限。

► 任务实施

1. 创建用户和组

（1）创建 caiwu 和 guanli 组。代码如下：

```
[root@FileServer ~]# groupadd guanli
[root@FileServer ~]# groupadd caiwu
```

（2）创建各部门员工账户并为各账户分配所属的组。代码如下：

```
[root@FileServer ~]# useradd -M -s /sbin/nologin -g guanli zhanglin
[root@FileServer ~]# useradd -M -s /sbin/nologin -g caiwu majun
[root@FileServer ~]# useradd -M -s /sbin/nologin -g caiwu chenfeng
```

（3）为各部门员工账户配置密码。代码如下：

```
[root@FileServer ~]# echo Jan16@111 |passwd --stdin zhanglin
[root@FileServer ~]# echo Jan16@221 |passwd --stdin majun
[root@FileServer ~]# echo Jan16@222 |passwd --stdin chenfeng
```

2. 创建共享目录

（1）创建具体路径为 /share/public 的文件夹。代码如下：

```
[root@FileServer ~]# mkdir -p /share/public
```

（2）创建具体路径为 /share/management 的文件夹。代码如下：

```
[root@FileServer ~]# mkdir -p /share/management
```

（3）创建具体路径为 /share/financial 的文件夹。代码如下：

```
[root@FileServer ~]# mkdir -p /share/financial
```

3. 修改共享目录及权限

（1）配置 /share/public 文件夹权限为 1777。代码如下：

```
[root@FileServer ~]# chmod 1777 /share/public/
```

（2）配置 /share/management 文件夹权限为 775，并将文件夹属组设置为 guanli 组。代码如下：

```
[root@FileServer ~]# chmod 775 /share/management
[root@FileServer ~]# chgrp guanli /share/management
```

（3）配置 /share/financial 文件夹权限为 750，并将文件夹属主和属组分别设置为 chenfeng 和 caiwu 组。代码如下：

```
[root@FileServer ~]# chmod 750 /share/financial
[root@FileServer ~]# chown chenfeng:caiwu /share/financial
```

▶ 任务验证

（1）在数据存储与共享服务器中切换目录路径为 /share，并使用【ls -la】命令查看各共享目录的文件权限信息，应能查看到文件权限设置成功。代码如下：

```
[root@FileServer ~]# cd /share
[root@FileServer share]# ls -la
总用量 0
drwxr-xr-x   5 root     root      55 12 月 16 14:38 .
dr-xr-xr-x. 20 root     root     279 12 月 16 14:38 ..
drwxr-x---   2 chenfeng caiwu      6 12 月 16 14:38 financial
drwxrwxr-x   2 root     guanli     6 12 月 16 14:38 management
drwxrwxrwt   2 root     root       6 12 月 16 14:38 public
```

（2）在数据存储与共享服务器中使用【cat /etc/passwd】命令查看系统中的所有用户信息，应能查看到创建好的用户的信息。代码如下：

```
[root@FileServer ~]# cat /etc/passwd
## 省略显示部分内容 ##
zhanglin:x:1000:1000::/home/zhanglin:/sbin/nologin
majun:x:1001:1001::/home/majun:/sbin/nologin
chenfeng:x:1002:1001::/home/chenfeng:/sbin/nologin
```

（3）在数据存储与共享服务器中使用【cat /etc/group】命令查看系统中所有组信息，应能查看到创建的组的信息。代码如下：

```
[root@FileServer ~]# cat /etc/group
## 省略显示部分内容 ##
guanli:x:1000:
caiwu:x:1001:
```

扫一扫,
看微课

任务 5-2　配置 Samba 服务
器的用户共享

任务 5-2　配置 Samba 服务器的用户共享

▶ 任务规划

在前面的任务中,运维管理员已经创建并设置了共享目录的属主、属组和文件权限等配置信息,为数据存储和共享服务器的部署提供了基础准备,接下来运维管理员需要在服务器上部署并配置 Samba 服务,涉及步骤有如下几个。

(1)部署 Samba 服务。

(2)修改 Samba 主配置文件参数。

(3)启动 Samba 服务。

▶ 任务实施

1. 部署 Samba 服务

通过 yum 工具安装 Samba 服务。代码如下:

```
[root@FileServer ~]# yum install -y samba
```

2. 修改 Samba 主配置文件参数

(1)通过【vim】命令编辑 Samba 的主配置文件,修改 Samba 服务的全局配置参数并添加共享条目配置。代码如下:

```
[root@FileServer ~]# vim /etc/samba/smb.conf
[global]
        workgroup = jan16
        netbios name = FileServer
        security = user
        log file = /var/log/samba/%m.log
        log level = 1
[ 公共 ]
        comment = Public Directory
```

```
        path = /share/public
        public = yes
        writeable = yes
[管理]
        comment = Management Directory
        path = /share/management
        public = yes
        write list = @guanli
[财务]
        comment = Financial Directory
        path = /share/financial
        public = no
        valid users = @caiwu
        write list = chenfeng
```

（2）将各部门员工的账户添加到 Samba 数据库并设置密码。代码如下：

```
[root@FileServer ~]# smbpasswd -a zhanglin
New SMB password:
Retype new SMB password:
Added user zhanglin.
[root@FileServer ~]# smbpasswd -a majun
New SMB password:
Retype new SMB password:
Added user majun.
[root@FileServer ~]# smbpasswd -a chenfeng
New SMB password:
Retype new SMB password:
Added user chenfeng.
```

（3）启用添加至 Samba 数据库的账户。代码如下：

```
[root@FileServer ~]# smbpasswd -e zhanglin
Enabled user zhanglin.
[root@FileServer ~]# smbpasswd -e majun
Enabled user majun.
[root@FileServer ~]# smbpasswd -e chenfeng
Enabled user chenfeng.
```

3. 启动 Samba 服务

（1）通过【testparm】命令检验 Samba 主配置文件的正确性。代码如下：

```
[root@FileServer ~]# testparm
Load smb config files from /etc/samba/smb.conf
Loaded services file OK.
Server role: ROLE_STANDALONE

Press enter to see a dump of your service definitions
## 省略显示部分内容 ##
```

（2）通过【systemctl】相关命令启动 Samba 服务，并设置为开机自动启动。代码如下：

```
[root@FileServer ~]# systemctl start smb
[root@FileServer ~]# systemctl enable smb
```

（3）通过【firewall-cmd】命令关闭防火墙服务。代码如下：

```
[root@jan16-PC admini]# firewall-cmd --add-service=samba --permanent
success
[root@jan16-PC admini]# firewall-cmd --reload
success
```

▶ 任务验证

（1）在公司管理部员工 PC 上使用文件管理器打开【smb://192.168.1.100】路径，可以看到【财务】【公共】【管理】三个文件夹，如图 5-2 所示。

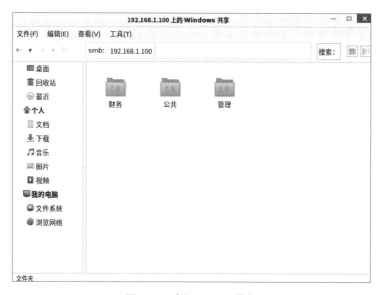

图 5-2　访问 Samba 服务

（2）双击打开【公共】文件夹，弹出登录界面，输入账户（zhanglin）和正确密码，如图 5-3 所示，显示可以登录成功。

图 5-3　使用 zhanglin 账户登录 Samba 服务器

（3）账户（zhanglin）对【公共】【管理】两个文件夹有读取和写入权限，可以在文件夹中创建文件，如图 5-4、图 5-5 所示；对【财务】文件夹无权限，无法进入文件夹，如图 5-6 所示。

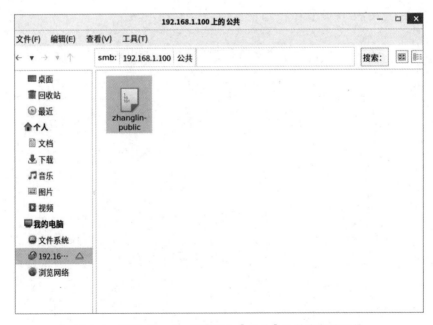

图 5-4　使用 zhanglin 账户进入【公共】文件夹创建文件

图 5-5　使用 zhanglin 账户进入【管理】文件夹创建文件

图 5-6　使用 zhanglin 账户无法打开【财务】文件夹

（4）在公司财务部使用员工 PC 访问【smb://192.168.1.100】，并通过账户（majun）和对应密码可以登录成功，并且查看到【公共】【管理】【财务】三个文件夹，但由于是普通员工，对【管理】和【财务】文件夹都无写入权限，因此在写入文件时报错，如图 5-7 和图 5-8 所示。

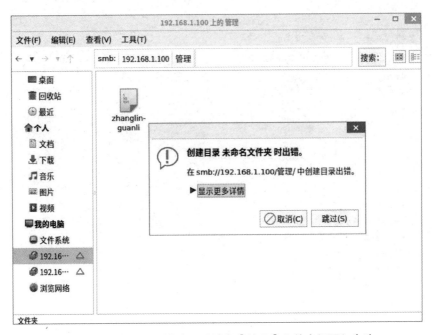

图 5-7　使用 **majun** 账户可以访问【管理】文件夹但写入失败

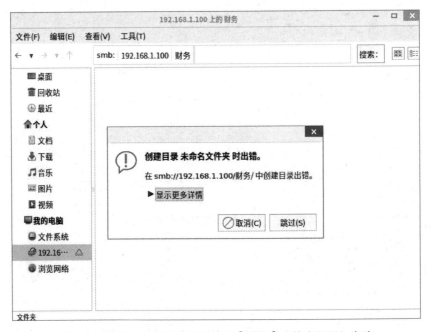

图 5-8　使用 **majun** 账户可以访问【财务】文件夹但写入失败

（5）使用财务部主管 PC 访问【smb://192.168.1.100】，输入账户（chenfeng）及对应密码进行登录，应能成功访问【公共】【管理】【财务】三个文件夹，且能在【财务】文件夹中写入成功，如图 5-9 所示。

图 5-9　使用 chenfeng 账户成功访问【财务】文件夹且写入成功

一、理论习题

1. 某 Linux 系统的主机中 config 的文件目录权限如下所示，说法正确的是（　　）？

`drwxr-x--- 2 liming config  4096 Oct  9 09:31 config`

A. 此目录的所属主是 config

B. 如果 xiaosan 账户属于 config 组，那么以此用户身份可以往目录中写入文件

C. 如果 xiaosi 账户属于 manage 组，那么以此用户身份可以往目录中写入文件

D. liming 用户可以在文件夹中写入文件

2. 下列哪项不是 Samba 的服务？（　　）

A. smbd　　　　　　B. nmbd　　　　　　C. winbindd　　　　　D. nmap

3. 下列哪些是 Samba 用户的特点？（　　）

A. Samba 用户首先是系统用户

B. 必须为系统用户设置密码

C. Samba 用户可存储在数据库中

D. Samba 用户必须能从服务器本地登录

4. Samba 作为独立的服务可用于（　　）。

A. Linux 与 Windows 进行文件共享

B. Linux 与 Linux 进行文件共享

C. UNIX 与 Windows 进行文件共享

D. 共享网络打印机

二、项目实训题

Jan16 公司规划在文件共享服务器上新增一个文档归档的共享目录 /share/archive ，要求如下所示。

（1）共享名为【归档】。

（2）创建三个用户 user01、user02、user03，设置用户都能通过输入用户名＋密码的方式登录并上传文件，密码为自定义密码；查看创建结果并截图。

（3）设置 user01 能够查看和删除所有人的文件；user02 只能查看和删除自己的文件，不能查看和删除别人的文件；user03 只能上传文件，不能查看和删除任何文件；验证结果并截图。

（4）限制 user02 用户在共享目录中最多创建三个文件，验证结果并截图。

（5）其他人不能访问共享目录，验证结果并截图。

项目 6　部署企业的 DHCP 服务

[学习目标]

（1）了解 DHCP 的概念、应用场景和服务优势。

（2）熟悉 DHCP 服务的工作原理和应用。

（3）掌握 DHCP 中继代理服务的原理与应用。

（4）掌握企业网 DHCP 服务的部署与实施、DHCP 服务的日常运维管理。

（5）掌握 DHCP 常见故障检测与排除的业务实施流程。

 项目描述

　　Jan16 公司初步建立了企业网络，并将计算机接入了企业网。在网络管理中，管理员经常需要为内部计算机配置 IP 地址、网关、DNS 等 TCP/IP 选项，由于公司计算机数量大，并且还有大量的移动 PC，公司希望能尽快部署一台 DHCP 服务器，实现企业网计算机 IP 地址、DNS 地址、网关等选项的自动配置，提高网络管理与维护效率。企业网络拓扑如图 6-1 所示。

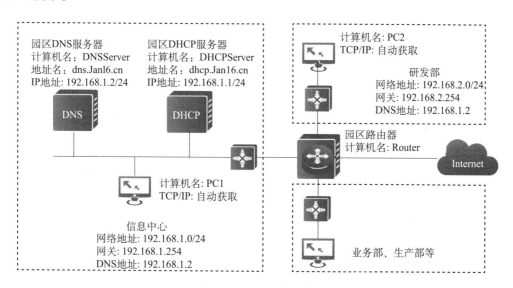

图 6-1　企业网络拓扑

DHCP 服务器和 DNS 服务器均部署在信息中心，为有序推进 DHCP 服务的部署，公司希望首先在信息中心实现 DHCP 的部署，待稳定后再推行到其他部门，并做好 DHCP 服务器的日常运维与管理工作。

项目分析

客户端 IP 地址、网关、DNS 地址的配置都属于 TCP/IP 参数，DHCP（Dynamic Host Configuration Protocol，动态主机配置协议）服务专门用于 TCP/IP 网络中的主机自动分配 TCP/IP 参数的协议。通过在网络中部署 DHCP 服务，不仅可以实现客户端 TCP/IP 的自动配置，还能对网络的 IP 地址进行管理。

公司在部署 DHCP 服务时，通常先在一个部门内做小范围实施，成功后再推行到整个园区，因此本项目可以通过以下工作任务来完成，具体如下。

（1）部署 DHCP 服务，实现信息中心客户端接入局域网。

（2）配置 DHCP 选项，实现信息中心客户端访问外部网络。

（3）配置 DHCP 中继，实现所有部门客户端自动配置网络信息。

（4）DHCP 服务器的日常运维与管理。

相关知识

6.1 DHCP 的概念

假设 Jan16 公司共有 200 台计算机需要配置 TCP/IP 参数，如果手动配置，每台需要耗费 2 分钟，一共就需要 400 分钟，如果某些 TCP/IP 参数发生变化，那么上述工作将会重复进行。在部署后的一段时间内，如果还有一些移动 PC 需要接入，管理员还必须选择未被使用的 IP 地址来分配给这些移动 PC，但问题是哪些 IP 地址是未被使用的呢？因此，管理员必须对 IP 地址进行管理，登记已分配的 IP 地址、未分配的 IP 地址、到期的 IP 地址等。

这种手动配置 TCP/IP 参数的工作非常烦琐而且效率低下，DHCP 协议专门用于为 TCP/IP 网络中的主机自动分配 TCP/IP 参数。DHCP 客户端在初始化网络配置信息（启动操作系统、手动接入网络）时会主动向 DHCP 服务器请求 TCP/IP 参数，DHCP 服务器收到 DHCP 客户端的请求信息后，DHCP 服务器通过将管理员预设的 TCP/IP 参数发送给 DHCP 客户端，DHCP 客服端从而自动获得相关网络配置信息（IP 地址、子网掩码、默认网关等）。

1. DHCP 服务的应用场景

在实际工作中，通常在下列情况中采用 DHCP 服务来自动分配 TCP/IP 参数。

（1）网络中的主机较多，手动配置的工作量很大，因此需要采用 DHCP 服务。

（2）网络中的主机多而 IP 地址数量不足时，采用 DHCP 服务能够在一定程度上缓解 IP 地址不足的问题。

例如，网络中有 300 台主机，但可用的 IP 地址只有 200 个，若采用手动分配方式，则只有 200 台计算机可接入网络，其余 100 台将无法接入。在实际工作中，通常 300 台主机同时接入网络的可能性不大，因为公司实行三班倒机制，不上班的员工计算机并不需要接入网络。在这种情况下，使用 DHCP 服务恰好可以调节 IP 地址的使用。

（3）一些 PC 经常在不同的网络中移动，通过 DHCP 服务，它们可以在任意网络中自动获得 IP 地址而无须任何额外的配置，从而满足了移动用户的需求。

2. 部署 DHCP 服务的优势

（1）对于园区网管理员，用于给内部网络的众多客户端主机自动分配网络参数，提高工作效率。

（2）对于网络服务供应商 ISP，用于给客户计算机自动分配网络参数。通过 DHCP 服务，可以简化管理工作，达到中央管理、统一管理的目的。

（3）在一定程度上缓解了 IP 地址不足的问题。

（4）方便经常需要在不同网络间移动的主机联网。

6.2　DHCP 客户端首次接入网络的工作过程

DHCP 自动分配网络设备参数是通过租用机制来完成的，DHCP 客户端首次接入网络时，需要通过和 DHCP 服务器交互才能获取 IP 地址租约。IP 地址租用分为发现阶段、提供阶段、选择阶段和确认阶段 4 个阶段。DHCP 的工作过程如图 6-2 所示。

图 6-2　DHCP 的工作过程

DHCP 工作过程 4 个阶段所对应的 DHCP 消息名称及作用如表 6-1 所示。

表 6-1　DHCP 工作过程 4 个阶段所对应的 DHCP 消息名称及作用

消息名称	消息的作用
发现阶段（DHCP Discover）	DHCP 客户端寻找 DHCP 服务器，请求分配 IP 地址等网络配置信息
提供阶段（DHCP Offer）	DHCP 服务器回应 DHCP 客户端请求，提供可被租用的网络配置信息

（续表）

消息名称	消息的作用
选择阶段（DHCP Request）	DHCP 客户端选择租用网络中某一台 DHCP 服务器分配的网络配置信息
确认阶段（DHCP Ack）	DHCP 服务器对 DHCP 客户端的租用选择进行确认

1. 发现阶段（DHCP Discover）

当 DHCP 客户端第一次接入网络并初始化网络参数时（操作系统启动、新安装了网卡、插入网线、启用被禁用的网络连接时），由于客户端没有 IP 地址，DHCP 客户端将发送 IP 地址租用请求。因为客户端不知道 DHCP 服务器的 IP 地址，所以它将会以广播的方式发送 DHCP Discover 消息。DHCP Discover 包含的关键信息及解析如表 6-2 所示。

表 6-2　DHCP Discover 包含的关键信息及解析

关键信息	解　析
源 MAC 地址	客户端网卡的 MAC 地址
目的 MAC 地址	FF:FF:FF:FF:FF:FF（广播地址）
源 IP 地址	0.0.0.0
目的 IP 地址	255.255.255.255（广播地址）
源端口号	68（UDP）
目的端口号	67（UDP）
客户端硬件地址标识	客户端网卡的 MAC 地址
客户端 ID	客户端网卡的 MAC 地址
DHCP 包类型	DHCP Discover

2. 提供阶段（DHCP Offer）

DHCP 服务器收到客户端发出的 DHCP Discover 消息后会通过发送一个 DHCP Offer 消息做出响应，并为客户端提供 IP 地址等网络配置参数。DHCP Offer 包含的关键信息及解析如表 6-3 所示。

表 6-3　DHCP Offer 包含的关键信息及解析

关键信息	解　析
源 MAC 地址	DHCP 服务器网卡的 MAC 地址
目的 MAC 地址	FF:FF:FF:FF:FF:FF（广播地址）
源 IP 地址	192.168.1.250
目的 IP 地址	255.255.255.255（广播地址）
源端口号	67（UDP）
目的端口号	68（UDP）

关键信息	解　析
提供给客户端的 IP 地址	192.168.1.10
提供给客户端的子网掩码	255.255.255.0
提供给客户端的网关地址等其他网络配置参数	网关：192.168.1.254；DNS 地址：192.168.1.253
提供给客户端 IP 地址等网络配置参数的租约时间	按实际情况，如 6 小时
客户端硬件地址标识	客户端网卡的 MAC 地址
服务器 ID	192.168.1.250（服务器 IP 地址）
DHCP 包类型	DHCP Offer

3. 选择阶段（DHCP Request）

DHCP 客户端在收到 DHCP 服务器发送的 DHCP Offer 消息后，并不会直接将该租约信息配置在 TCP/IP 参数上，它还必须向 DHCP 服务器发送一个 DHCP Request 消息以确认租用。DHCP Request 包含如下关键信息（DHCP 服务器的 IP 地址：192.168.1.250/24；DHCP 客户端的 IP 地址：192.168.1.10/24），DHCP Request 包含关键信息及解析如表 6-4 所示。

表 6-4　DHCP Request 包含的关键信息及解析

关键信息	解　析
源 MAC 地址	DHCP 客户端网卡的 MAC 地址
目的 MAC 地址	FF:FF:FF:FF:FF:FF（广播地址）
源 IP 地址	0.0.0.0
目的 IP 地址	255.255.255.255（广播地址）
源端口号	68（UDP）
目的端口号	67（UDP）
客户端硬件地址标识字段	客户端网卡的 MAC 地址
客户端请求的 IP 地址	192.168.1.10
服务器 ID	192.168.1.250
DHCP 包类型	DHCP Request

4. 确认阶段（DHCP Ack）

DHCP 服务器在收到 DHCP 客户端发送的 DHCP Request 消息后，将通过向 DHCP 客户端发送 DHCP Ack 消息，来完成 IP 地址租约的签订，DHCP 客户端在收到 DHCP Ack 消息后即可使用 DHCP 服务器提供的 IP 地址等网络配置信息完成 TCP/IP 参数的配置。DHCP Ack 包含的关键信息及解析如表 6-5 所示。

表 6-5　DHCP Ack 包含的关键信息及解析

关键信息	解 析
源 MAC 地址	DHCP 服务器网卡的 MAC 地址
目的 MAC 地址	FF:FF:FF:FF:FF:FF（广播地址）
源 IP 地址	192.168.1.250
目的 IP 地址	255.255.255.255（广播地址）
源端口号	67（UDP）
目的端口号	68（UDP）
提供给客户端的 IP 地址	192.168.1.10
提供给客户端的子网掩码	255.255.255.0
提供给客户端的网关等其他网络配置参数	网关：192.168.1.254； DNS 地址：192.168.1.253
提供给客户端 IP 地址等网络配置参数的租约时间	按实际情况
客户端硬件地址标识	客户端网卡的 MAC 地址
服务器 ID	192.168.1.250
DHCP 包类型	DHCP Ack

DHCP 客户端收到 DHCP 服务器发出的 DHCP Ack 消息后，会将该消息中提供的 IP 地址和其他相关 TCP/IP 参数与自己的网卡绑定，此时 DHCP 客户端获得 IP 地址租约并接入网络的过程便完成了。

6.3　DHCP 客户端 IP 地址租约的更新

1. DHCP 客户端持续在线时进行 IP 地址租约更新

DHCP 客户端获得 IP 地址租约后，DHCP 客户端必须定期更新租约，否则当 IP 地址租约到期时，将不能再使用此 IP 地址。每当 IP 地址租用时间到达租约时间的 50% 和 87.5% 时，DHCP 客户端必须发出 DHCP Request 消息，向 DHCP 服务器请求更新 IP 地址租约。

（1）在当期 IP 地址租约已使用 50% 时，DHCP 客户端将以单播方式直接向 DHCP 服务器发送 DHCP Request 消息，若 DHCP 客户端接收到该 DHCP 服务器回应的 DHCP Ack 消息（单播方式），则 DHCP 客户端就根据 DHCP Ack 消息中所提供的新的 IP 地址租约更新 TCP/IP 参数，IP 地址租约更新完成。

（2）若在 IP 地址租约已使用 50% 时未能成功更新，则 DHCP 客户端将在 IP 地址租约已使用 87.5% 时以广播方式发送 DHCP Request 消息，若收到 DHCP Ack 消息，则更新 IP 地址租约，若仍未收到 DHCP 服务器回应消息，则 DHCP 客户端仍可以继续使用现有的 IP 地址。

（3）若直到当前 IP 地址租约到期仍未完成续约，则 DHCP 客户端将以广播方式发送 DHCP Discover 消息，重新开始 4 个阶段的 IP 地址租用过程。

2. DHCP 客户端重新启动时进行 IP 地址租约更新

DHCP 客户端重启后，若 IP 地址租约已经到期，则客户端将重新开始 4 个阶段的 IP 地址租用过程。

若租约未到期，则通过广播方式发送 DHCP Request 消息，DHCP 服务器查看该客户端 IP 地址是否已经租用给其他客户。若未租用给其他客户，则发送 DHCP Ack 消息，DHCP 客户端完成续约；若已经租用给其他客户，则该 DHCP 客户端必须重新开始 4 个阶段的 IP 地址租用过程。

6.4　DHCP 客户端租用失败的自动配置

DHCP 客户端在发出 IP 地址租用请求的 DHCP Discover 广播包后，将花费 1 秒钟的时间等待 DHCP 服务器的回应，如果等待 1 秒钟后没有收到 DHCP 服务器的回应，它会将这个广播包重新广播 4 次（以 2 秒、4 秒、8 秒和 16 秒为间隔，加上 1~1000 毫秒随机长度的时间）。4 次广播之后，若仍然未能收到 DHCP 服务器的回应，则从 169.254.0.0/16 网段内随机选择一个 IP 地址作为自己的 TCP/IP 参数。

> **注意：**
>
> （1）以 169.254 开头的 IP 地址（自动私有 IP 地址）是 DHCP 客户端申请 IP 地址失败后由自己随机生成的 IP 地址。使用自动私有 IP 地址可以使得 DHCP 服务不可用时，DHCP 客户端之间仍然可以利用该地址通过 TCP/IP 协议实现相互通信。以 169.254 开头的网段地址是私有 IP 地址网段，以它开头的 IP 地址数据包不能够、也不可能在 Internet 中出现。
>
> （2）DHCP 客户端究竟是怎么确定配置某个未被占用的以 169.254 开头的 IP 地址的呢？它利用免费 ARP 来确定自己所挑选的 IP 地址是否已经被网络上的其他设备使用：如果发现该 IP 地址已经被使用，那么 DHCP 客户端会再随机生成另一个以 169.254 开头的 IP 地址重新测试，直到成功获取配置信息。

6.5　DHCP 中继代理服务

由于在大型园区网络中会存在多个物理网络，也就对应存在多个逻辑网段（子网），那么园区内的计算机是如何实现 IP 地址租用的呢？

从 DHCP 的工作原理可以知道，DHCP 客户端实际上是通过发送广播消息与 DHCP 服务器进行通信的，DHCP 客户端获取 IP 地址的 4 个阶段都依赖于广播消息的双向传播。而广播消息是不能跨越子网的，难道 DHCP 服务器就只能为网卡直连的广播网络服务吗？如果 DHCP 客户端和 DHCP 服务器在不同的子网内，DHCP 客户端还能不能向 DHCP 服务器申请 IP 地址呢？

DHCP 客户端是基于局域网广播方式寻找 DHCP 服务器以便租用 IP 地址的，路由器具有隔离局域网广播的功能，因此在默认情况下，DHCP 服务只能为自己所在网段提供 IP 地址租用服务。如果要让一个多局域网的网络通过 DHCP 服务器实现 IP 地址自动分配，有两种办法。

方法 1：在每个局域网内都部署一台 DHCP 服务器。

方法 2：路由器可以和 DHCP 服务器通信，如果路由器可以代为转发客户端的 DHCP 请求包，那么网络中只需要部署一台 DHCP 服务器就可以为多个子网提供 IP 地址租用服务。

对于方法 1，企业将需要额外部署多台 DHCP 服务器；对于方法 2，企业将可以利用现有的基础架构实现相同的功能，显然更为合适。

DHCP 中继代理服务实际上是一种软件技术，安装了 DHCP 中继代理服务的计算机称为 DHCP 中继代理服务器，它承担不同子网间 DHCP 客户端和 DHCP 服务器的通信任务。中继代理负责转发不同子网间 DHCP 客户端和 DHCP 服务器之间的 DHCP/BOOTP 消息。简单而言，中继代理就是 DHCP 客户端与 DHCP 服务器通信的中介：中继代理接收到 DHCP 客户端的广播型请求消息后，将请求信息以单播的方式转发给 DHCP 服务器，同时，它也接收 DHCP 服务器的单播回应消息，并以广播的方式转发给 DHCP 客户端。

通过 DHCP 中继代理服务，使得 DHCP 服务器与 DHCP 客户端的通信可以突破直连网段的限制，达到跨子网通信的目的。除了安装 DHCP 中继代理服务的计算机，大部分路由器都支持 DHCP 中继代理服务，可以实现代为转发 DHCP 请求包（方法 2），因此通过 DHCP 中继代理服务可以实现在公司内仅部署一台 DHCP 服务器为多个局域网提供 IP 地址租用服务。

6.6 DHCP 服务常用文件及参数解析

1. /etc/dhcp/dhcpd.conf（DHCP 服务器的主配置文件）

主配置文件的特点如下：

【#】为注释符号，可以将临时不需要的配置内容进行注释，取消它们的作用。除了括号所在行的最后，其他每行的后面都要以【；】作为结尾。

主配置文件的语法如下：

```
选项 / 参数      # 全局选项 / 参数，这些选项 / 参数全局有效
声明 {
    选项 / 参数；     # 局部选项 / 参数，这些选项 / 参数仅在该声明内生效
  }
```

DHCP 常见的选项及作用如表 6-6 所示（以下的【{}】只是语法格式，实际配置时无须写出来）。

表 6-6　DHCP 常见的选项及作用

常见选项	作　用
option subnet-mask { 子网掩码 }	为客户端指定子网掩码，可以省略不写
option routers { 网关 IP 地址 }	为客户端指定默认网关，常用
option domain-name-servers {DNS 服务器 IP 地址 }	为客户端指定 DNS 服务器的 IP 地址，常用
option domain-name {"域名"}	为客户端指定 DNS 域名，可以省略不写
option host-name {"主机名"}	为客户端指定主机名，可以省略不写
option ntp-server {IP 地址 }	为客户端指定网络时间服务器的 IP 地址，可以省略不写
option broadcast-address { 广播地址 }	为客户端指定广播地址，可以省略不写

常用的声明及功能：

（1）定义超级作用域，设置同一个物理网络可以使用不同逻辑 IP 网段的 IP 地址，必须包含多个 subnet 声明。具体格式如下：

```
shared-network 名称 {

    选项 / 参数；

}
```

（2）定义作用域（或 IP 子网）。可以有多个 subnet 声明，从而代表多个作用域。此声明的特例就是 subnet 声明的括号内不包含任何可以分配的网络信息，仅仅是建立一个作用域框架，如 subnet 192.168.77.0 netmask 255.255.255.0 { }。具体格式如下：

```
subnet 网络号 netmask 子网掩码 {
    选项 / 参数；
}
```

（3）定义保留地址，通常放在 subnet 声明里面。host 后面的主机名为自定义的任意名称。具体格式如下：

```
host 主机名 {
    选项 / 参数；
}
```

（4）group: 定义一组参数，参数的有效范围限定于 group 声明以内。具体格式如下：

```
group {
    选项 / 参数；
}
```

DHCP 常用的参数及功能如表 6-7 所示（以下的【{}】只是语法格式，实际配置无须写出来）。

表 6-7　DHCP 常用的参数及功能

常用参数	功　能
dns-update-style {none|interim }	定义所支持的 DNS 动态更新类型，该参数必选且必须放在第一行，而且只能在全局配置中使用，按默认方式即可。none 表示不支持 DNS 动态更新；interim 表示支持 DNS 互动更新模式
{allow|ignore} client-updates	允许（allow）或忽略（ignore）客户端更新 DNS 记录，该参数只能在全局配置中使用。 default-lease-time { 秒数 }：指定客户端默认中地址租约时间，该参数在全局配置、局部配置时均可使用
max-lease-time { 秒数 }	指定客户端最大中地址租约时间，该参数在全局配置、局部配置时均可使用
range { 起始 IP 地址 } { 终止 IP 地址 }	定义作用域（IP 子网）范围，该参数用在 subnet 声明的括号里面。一个 subnet 中可以有多个 range 参数，但是多个 range 所定义的 IP 地址范围不能重复
hardware { 硬件类型 } {MAC 地址 }	指定网卡的网络类型（以太网，ethernet）和 MAC 地址，该参数用在 subnet 声明的括号里面
fixed-address {IP 地址 }	分配给客户端一个固定的 IP 地址（保留地址），该参数用在 host 声明的括号里面。fixed-address 和 hardware 参数需成对地配合使用
server-name 主机名	通知 DHCP 客户端和 DHCP 服务器的主机名，该参数在全局配置、局部配置时均可使用

2. /var/lib/dhcpd/dhcpd.leases（DHCP 租约数据库文件）

用于保存一系列的租约声明，其中包含客户端的主机名、MAC 地址，已分配的 IP 地址，以及 IP 地址的有效期等相关信息。这个数据库文件是可编辑的 ASCII 格式文件，每当租约变化时，都会在文件结尾添加新的租约记录。

3. /etc/systemd/system/multi–user.target.wants/dhcpd.service（DCHP 服务的启动脚本文件）

执行【systemctl】命令调用此脚本文件对 DHCP 服务进行管理。

4. /usr/share/doc/dhcp–server/dhcpd.conf.example（DHCP 服务的模板文件）

可以参照学习此配置文件来创建实际需要的配置内容。

5. /etc/syconfig/dhcpd（DHCP 的配置文件）

DHCP 服务需要在特定的网卡上提供服务，因此需要编辑此配置文件内的参数选项，如 DHCPDARGS= "eth0 eth1"。多个网卡代号之间用空格间隔，并注意用引号括起来。若 DHCP 服务为本机所有网卡接口提供服务，则将此 DHCPDARGS 选项值留空，即 DHCPDARGS=。

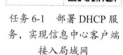

扫一扫，
看微课

项目实施

任务 6-1　部署 DHCP 服务，实现信息中心客户端接入局域网

任务 6-1　部署 DHCP 服务，实现信息中心客户端接入局域网

▶ 任务规划

信息中心共有 20 台计算机，管理员希望通过配置 DHCP 服务器实现客户端自动配置 IP 地址，实现计算机之间的相互通信，公司网络地址段为 192.168.1.0/24，可分配给客户端的 IP 地址范围为 192.168.1.10~192.168.1.200，信息中心网络拓扑（局域网）如图 6-3 所示。

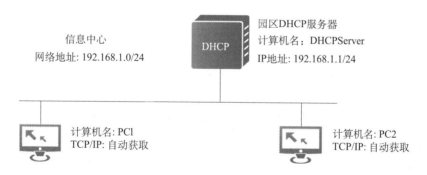

信息中心
网络地址: 192.168.1.0/24

园区DHCP服务器
计算机名：DHCPServer
IP地址: 192.168.1.1/24

计算机名: PC1
TCP/IP: 自动获取

计算机名: PC2
TCP/IP: 自动获取

图 6-3　信息中心网络拓扑图（局域网）

本任务将在一台 Kylin 系统服务器上安装 DHCP 服务角色和功能，让该服务器成为 DHCP 服务器，并通过配置 DHCP 服务器和客户端实现信息中心 DHCP 服务的部署，具体可通过以下几个步骤完成。

（1）为服务器配置静态 IP 地址。

（2）在服务器上安装 DHCP 服务角色和功能。

（3）为信息中心创建并启用 DHCP 作用域。

▶ 任务实施

1. 为服务器配置静态 IP 地址

DHCP 服务作为网络基础服务之一，它要求使用固定的 IP 地址，因此，需要按网络拓扑为 DHCP 服务器配置静态 IP 地址。

使用【nmcli】命令来配置网卡 ens34 的 IP 地址。代码如下：

```
[root@DHCPServer ~]# nmcli connection modify ens34 ipv4.addresses 192.168.1.1/24
ipv4.method manual
[root@DHCPServer ~]# nmcli connection up ens34

[root@DHCPServer ~]# ip address show ens34
3: ens34: <BROADCAST,MULTICAST,UP,LOWER_UP> mtu 1500 qdisc fq_codel state UP
group default qlen 1000
    link/ether 00:0c:29:77:aa:e8 brd ff:ff:ff:ff:ff:ff
    inet 192.168.1.1/24 brd 192.168.1.255 scope global noprefixroute ens34
        valid_lft forever preferred_lft forever
    inet6 fe80::def2:30a3:773f:4c3c/64 scope link noprefixroute
        valid_lft forever preferred_lft forever
```

2. 在服务器上安装 DHCP 服务角色和功能

使用【yum】命令安装 DHCP 服务。代码如下：

```
[root@DHCPServer ~]# yum install dhcp-server -y
```

3. 为信息中心创建并启用 DHCP 作用域

（1）DHCP 作用域的基本概念。

DHCP 作用域是本地逻辑子网中可使用的 IP 地址集合，如"192.168.1.2/24～192.168.1.253/24"。DHCP 服务器只能使用作用域中定义的 IP 地址来分配给 DHCP 客户端，因此，必须创建作用域才能让 DHCP 服务器分配 IP 地址给 DHCP 客户端，也就是说，必须创建并启用 DHCP 作用域，DHCP 服务才开始工作。

在局域网中，DHCP 的作用域就是自己所在子网的 IP 地址集合，如本任务所要求的 IP 地址范围为 192.168.1.10~192.168.1.200。本网段的客户端将通过自动获取 IP 地址的方式租用该作用域中的一个 IP 地址并配置在本地连接上，从而使 DHCP 客户端拥有一个合法 IP 地址并和内外网内设备相互通信。

DHCP 作用域的相关属性如下。

- 作用域名称：在创建作用域时指定的作用域标识，在本项目中，可以使用"部门 + 网络地址"作为作用域名称。
- IP 地址的范围：作用域中可用于给客户端分配的 IP 地址范围。
- 子网掩码：指定 IP 地址的网络地址。
- 租用期：客户端租用 IP 地址的时长。
- 作用域选项：是指除了 IP 地址、子网掩码及租用期的网络配置参数，如默认网关、DNS 服务器 IP 地址等。
- 保留地址：是指为一些主机分配固定的 IP 地址，这些 IP 地址将固定分配给这些主机，使得这些主机租用的 IP 地址始终不变。

（2）配置 DHCP 作用域。

在本任务中，信息中心可分配的 IP 地址范围为 192.168.1.10~192.168.1.200，配置 DHCP 作用域的步骤如下。

①由于刚安装好的 DHCP 服务器内配置文件是空白的，所以无法启动 DHCP 服务，查看 /etc/dhcp/dhcpd.conf 默认配置文件，代码如下：

```
[root@DHCPServer ~]# cat /etc/dhcp/dhcpd.conf
#
# DHCP Server Configuration file.
#   see /usr/share/doc/dhcp-server/dhcpd.conf.example
#   see dhcpd.conf(5) man page
#
```

②制作 /etc/dhcp/dhcpd.conf 配置文件，分配的 IP 地址为 192.168.1.0，可分配的 IP 地址为 192.168.1.10~192.168.1.200，默认的租约时间为 24 小时，最大的租约时间为 48 小时。写入完成后，保存配置。代码如下：

```
[root@DHCPServer ~]# vim /etc/dhcp/dhcpd.conf
#
# DHCP Server Configuration file.
#   see /usr/share/doc/dhcp-server/dhcpd.conf.example
#   see dhcpd.conf(5) man page
#
subnet 192.168.1.0 netmask 255.255.255.0{
    range 192.168.1.10 192.168.1.200;
    default-lease-time 86400;
    max-lease-time 172800;
}
```

4. 使用【dhcpd】命令检查语法

使用【dhcpd】命令检查语法是否正确，确认无误后，重启 DHCP 服务，再查看服务的运行状态。代码如下：

```
[root@DHCPServer ~]# dhcpd -t -cf /etc/dhcp/dhcpd.conf
Internet Systems Consortium DHCP Server 4.4.2
Copyright 2004-2020 Internet Systems Consortium.
All rights reserved.
For info, please visit https://www.isc.org/software/dhcp/
ldap_gssapi_principal is not set,GSSAPI Authentication for LDAP will not be used
Not searching LDAP since ldap-server, ldap-port and ldap-base-dn were not
specified in the config file
Config file: /etc/dhcp/dhcpd.conf
Database file: /var/lib/dhcpd/dhcpd.leases
PID file: /var/run/dhcpd.pid
Source compiled to use binary-leases

[root@DHCPServer ~]# systemctl restart dhcpd

[root@DHCPServer ~]# systemctl status dhcpd
• dhcpd.service - DHCPv4 Server Daemon
  Loaded: loaded (/usr/lib/systemd/system/dhcpd.service; disabled; vendor preset:
disabled)
  Active: active (running) since Tue 2021-12-21 10:20:40 CST; 9s ago
    Docs: man:dhcpd(8)
          man:dhcpd.conf(5)
 Main PID: 14412 (dhcpd)
  Status: "Dispatching packets..."
   Tasks: 1
  Memory: 4.3M
  CGroup: /system.slice/dhcpd.service
          └─14412 /usr/sbin/dhcpd -f -cf /etc/dhcp/dhcpd.conf -user dhcpd -group
dhcpd --no-pid

12月 21 10:20:40 DHCPServer dhcpd[14412]:
12月 21 10:20:40 DHCPServer systemd[1]: Started DHCPv4 Server Daemon.
12月 21 10:20:40 DHCPServer dhcpd[14412]: No subnet declaration for ens33
(192.168.213.129).
12月 21 10:20:40 DHCPServer dhcpd[14412]: ** Ignoring requests on ens33.  If
this is not what
12月 21 10:20:40 DHCPServer dhcpd[14412]:      you want, please write a subnet
declaration
```

```
12 月 21 10:20:40 DHCPServer dhcpd[14412]:      in your dhcpd.conf file for the
network segment
12 月 21 10:20:40 DHCPServer dhcpd[14412]:    to which interface ens33 is attached. **
12 月 21 10:20:40 DHCPServer dhcpd[14412]:
12 月 21 10:20:40 DHCPServer dhcpd[14412]: Sending on   Socket/fallback/fallback-net
12 月 21 10:20:40 DHCPServer dhcpd[14412]: Server starting service.
```

▶ 任务验证

配置 DHCP 客户端并验证 IP 地址租用是否成功

（1）将信息中心客户端接入 DHCP 服务器所在网络，并将客户端的网卡配置文件 BOOTPROTO 选项修改为 dhcp。代码如下：

```
[root@PC1 ~]# vim /etc/sysconfig/network-scripts/ifcfg-ens34
【... 省略显示部分内容 ...】
BOOTPROTO=dhcp
【... 省略显示部分内容 ...】
```

（2）在修改了网卡的配置文件后，用【nmcli】命令激活网卡，使配置马上生效。代码如下：

```
[root@PC1 ~]# nmcli connection reload
[root@PC1 ~]# nmcli connection up ens34
```

（3）通过客户端验证。在客户端打开终端，执行【ip address show ens34】命令，可以看到客户端自动配置的 IP 地址、子网掩码等信息。代码如下：

```
[root@PC1 ~]# ip address show ens34
3: ens34: <BROADCAST,MULTICAST,UP,LOWER_UP> mtu 1500 qdisc fq_codel state UP
group default qlen 1000
   link/ether 00:0c:29:bb:88:4d brd ff:ff:ff:ff:ff:ff
    inet 192.168.1.10/24 brd 192.168.1.255 scope global dynamic noprefixroute
ens34
      valid_lft 86267sec preferred_lft 86267sec
    inet6 fe80::def2:30a3:773f:4c3c/64 scope link dadfailed tentative
noprefixroute
      valid_lft forever preferred_lft forever
   inet6 fe80::a605:bef4:a13:4d56/64 scope link noprefixroute
      valid_lft forever preferred_lft forever
```

（4）通过 DHCP 服务器验证，查看 DHCP 服务的状态，可以查看客户端向 DHCP 服务端请求的 IP 地址和已租用给客户端的 IP 地址租约。代码如下：

```
[root@DHCPServer ~]# systemctl status dhcpd
● dhcpd.service - DHCPv4 Server Daemon
  Loaded: loaded (/usr/lib/systemd/system/dhcpd.service; disabled; vendor preset:
disabled)
  Active: active (running) since Tue 2021-12-21 12:24:45 CST; 3min 52s ago
    Docs: man:dhcpd(8)
          man:dhcpd.conf(5)
 Main PID: 15714 (dhcpd)
  Status: "Dispatching packets..."
   Tasks: 1
  Memory: 5.9M
  CGroup: /system.slice/dhcpd.service
          └─15714 /usr/sbin/dhcpd -f -cf /etc/dhcp/dhcpd.conf -user dhcpd -group
dhcpd --no-pid

12 月 21 12:24:45 DHCPServer dhcpd[15714]:    in your dhcpd.conf file for the
network segment
12 月 21 12:24:45 DHCPServer dhcpd[15714]:    to which interface ens33 is
attached. **
12 月 21 12:24:45 DHCPServer dhcpd[15714]:
12 月 21 12:24:45 DHCPServer dhcpd[15714]: Sending on  Socket/fallback/fallback-
net
12 月 21 12:24:45 DHCPServer dhcpd[15714]: Server starting service.
12 月 21 12:24:45 DHCPServer systemd[1]: Started DHCPv4 Server Daemon.
12 月 21 12:27:24 DHCPServer dhcpd[15714]: DHCPDISCOVER from 00:0c:29:0d:70:f9
via ens34
12 月 21 12:27:25 DHCPServer dhcpd[15714]: DHCPOFFER on 192.168.1.10 to
00:0c:29:0d:70:f9 via ens34
12 月 21 12:27:25 DHCPServer dhcpd[15714]: DHCPREQUEST for 192.168.1.10
(192.168.1.1) from 00:0c:29:0d:70:f9 via e>
12 月 21 12:27:25 DHCPServer dhcpd[15714]: DHCPACK on 192.168.1.10 to
00:0c:29:0d:70:f9 via ens34
```

（5）通过客户端 PC2，采用同样的方法，自动获取 IP 地址和其他内容。代码如下：

```
[root@PC2 ~]# nmcli connection up ens34
[root@PC2 ~]# ip address show ens34
```

```
3: ens34: <BROADCAST,MULTICAST,UP,LOWER_UP> mtu 1500 qdisc fq_codel state UP
group default qlen 1000
    link/ether 00:0c:29:10:94:b3 brd ff:ff:ff:ff:ff:ff
    inet 192.168.1.11/24 brd 192.168.1.255 scope global dynamic ens34
        valid_lft 85609sec preferred_lft 85609sec
```

任务 6-2　配置 DHCP 选项，实现信息中心客户端访问外部网络

扫一扫，
看微课

任务 6-2　配置 DHCP 选项，实现信息中心客户端访问外部网络

▶ 任务规划

任务 6-1 实现了客户端 IP 地址的自动配置，解决了客户端和 DHCP 服务器的相互通信，但是客户端不能访问外部网络。经检测，导致客户端无法访问外网的原因为未配置网关和 DNS 地址，因此公司希望 DHCP 服务器能为客户端自动配置网关和 DNS 地址，实现客户端与外网之间的通信，信息中心网络拓扑如图 6-4 所示。

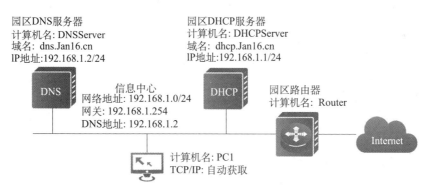

图 6-4　信息中心网络拓扑

DHCP 服务器不仅可以为客户端配置 IP 地址、子网掩码，还可以为客户端配置网关、DNS 地址等信息。网关是客户端访问外网的必要条件，DNS 地址是客户端解析网络域名的必要条件，因此只有配置了网关和 DNS 地址才能解决客户端与外网通信的问题。

▶ 任务实施

配置 DHCP 服务器。

（1）使用【vim】命令配置 DHCP 服务器的配置文件，添加 option routers {网关 IP 地址 }：为客户端指定默认网关和 option domain-name-servers {DNS 服务器 IP 地址 }：为客

户端指定 DNS 服务器的 IP 地址。代码如下：

```
[root@DHCPServer ~]# vim /etc/dhcp/dhcpd.conf
#
# DHCP Server Configuration file.
#   see /usr/share/doc/dhcp-server/dhcpd.conf.example
#   see dhcpd.conf(5) man page
#
subnet 192.168.1.0 netmask 255.255.255.0{
    range 192.168.1.10 192.168.1.200;
    option routers 192.168.1.254;              ## 指定客户端默认网关
    option domain-name-servers 192.168.1.2;    ## 指定客户端默认 DNS 服务器
    default-lease-time 86400;
    max-lease-time 172800;
}
```

（2）配置完成后，检查配置文件语法是否正确并重启 DHCP 服务。代码如下：

```
[root@DHCPServer ~]# dhcpd -t -cf /etc/dhcp/dhcpd.conf
Internet Systems Consortium DHCP Server 4.4.2
Copyright 2004-2020 Internet Systems Consortium.
All rights reserved.
For info, please visit https://www.isc.org/software/dhcp/
ldap_gssapi_principal is not set,GSSAPI Authentication for LDAP will not be used
Not searching LDAP since ldap-server, ldap-port and ldap-base-dn were not
specified in the config file
Config file: /etc/dhcp/dhcpd.conf
Database file: /var/lib/dhcpd/dhcpd.leases
PID file: /var/run/dhcpd.pid
Source compiled to use binary-leases
[root@DHCPServer ~]# systemctl restart dhcpd
```

▶ 任务验证

在客户端验证 DNS 地址和网关是否成功获取。

（1）重新启动禁用 ens34 网卡。代码如下：

```
[root@PC1 ~]# nmcli connection down ens34
[root@PC1 ~]# nmcli connection up ens34
```

（2）获取 IP 地址后，使用【nmcli】命令查看网关和 DNS 地址是否成功获取。代码如下：

```
[root@PC1 ~]# nmcli device show ens34
GENERAL.DEVICE:                         ens34
【...省略显示部分内容...】
IP4.ADDRESS[1]:                         192.168.1.10/24
IP4.GATEWAY:                            192.168.1.254
IP4.ROUTE[1]:                           dst = 0.0.0.0/0, nh = 192.168.1.254, mt = 101
IP4.ROUTE[2]:                           dst = 192.168.1.0/24, nh = 0.0.0.0, mt = 101
IP4.DNS[1]:                             192.168.1.2
【...省略显示部分内容...】
```

（3）查看 resolve 文件。代码如下：

```
[root@PC1 ~]# cat /etc/resolv.conf
# Generated by NetworkManager
search localdomain
nameserver 192.168.1.2
```

扫一扫，
看微课

任务 6-3　配置 DHCP 中
继，实现所有部门客户端
自动配置网络信息

任务 6-3　配置 DHCP 中继，实现所有部门客户端自动配置网络信息

▶ 任务规划

任务 6-1 和任务 6-2 分别通过部署 DHCP 服务和配置 DHCP 作用域，实现了信息中心客户端 IP 地址的自动配置，并能正常访问信息中心和外网，提高了信息中心 IP 地址的分配与管理效率。

为此，公司要求管理员尽快为公司其他部门部署 DHCP 服务，实现全公司 IP 地址的自动分配与管理。第一批部署的部门是研发部，公司网络拓扑如图 6-5 所示。

DHCP 客户端在工作时是通过广播方式同 DHCP 服务器通信的，若 DHCP 客户端和 DHCP 服务器不在同一个网段内，则必须在路由器上部署 DHCP 中继代理服务，以实现 DHCP 客户端通过 DHCP 中继代理服务自动获取 IP 地址。

因此，本任务需要在 DHCP 服务器上部署与研发部匹配的作用域，并在路由器上配置 DHCP 中继代理服务来实现研发部客户端的 DHCP 服务部署，具体涉及以下步骤。

（1）在 DHCP 服务器上为研发部配置 DHCP 作用域。

（2）在路由器上配置 DHCP 中继代理服务。

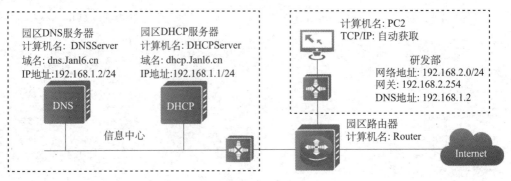

图 6-5 公司网络拓扑

► 任务实施

1. 在 DHCP 服务器上为研发部配置 DHCP 作用域

（1）修改 DHCP 服务的配置文件，加入为研发部配置的 DHCP 作用域，可分配的 IP 地址范围为 192.168.2.10~192.168.2.200，DNS 地址为 192.168.1.2，网关为 192.168.2.254。代码如下：

```
[root@DHCPServer ~]# vim /etc/dhcp/dhcpd.conf
#
# DHCP Server Configuration file.
#   see /usr/share/doc/dhcp-server/dhcpd.conf.example
#   see dhcpd.conf(5) man page
#
subnet 192.168.1.0 netmask 255.255.255.0{
    range 192.168.1.10 192.168.1.200;
    option routers 192.168.1.254;
    option domain-name-servers 192.168.1.2;
    default-lease-time 86400;
    max-lease-time 172800;
}

## 添加如下内容后，保存退出
subnet 192.168.2.0 netmask 255.255.255.0{
    range 192.168.2.10 192.168.2.200;
    option routers 192.168.2.254;
    option domain-name-servers 192.168.1.2;
    default-lease-time 86400;
    max-lease-time 172800;
}
```

（2）修改完配置文件后，重启 DHCP 服务。代码如下：

```
[root@DHCPServer ~]# systemctl restart dhcpd
```

（3）配置 DHCP 服务器的 IP 地址为 192.168.1.1/24，对应网关为 192.168.1.254。代码如下：

```
[root@DHCPServer ~]# nmcli connection modify ens34 ipv4.addresses 192.168.1.1/24
ipv4.gateway 192.168.1.254
[root@DHCPServer ~]# nmcli connection reload ens34
[root@DHCPServer ~]# nmcli connection up ens34
```

2. 在路由器上配置 DHCP 中继代理服务

（1）为 DHCP 中继代理服务器配置 IP 地址，与 DHCP 服务器处于同一网段的 ens34 网卡 IP 地址为 192.168.1.254/24，与客户端处于同一网段的 ens38 网卡 IP 地址为 192.168.2.254/24，使用【nmcli】命令进行配置。代码如下：

```
[root@Router ~]# nmcli connection modify ens34 ipv4.addresses 192.168.1.254/24
ipv4.method manual
[root@Router ~]# nmcli connection up ens34

[root@Router ~]# nmcli connection add type ethernet ifname ens38 con-name ens38
ipv4.method manual ipv4.addresses 192.168.2.254/24
[root@Router ~]# nmcli connection up ens38
```

（2）查看设备连接情况和 IP 地址是否已经正确配置。代码如下：

```
[root@Router ~]# nmcli connection show
NAME       UUID                                   TYPE      DEVICE
ens33      b34db26a-7b80-42bf-ac44-a089e7a023a4   ethernet  ens33
ens34      ac6d54e6-f6fb-4365-a605-780cf2c336ea   ethernet  ens34
ens38      9a5594b3-475b-4ff7-ae77-6d446608dcf4   ethernet  ens38
[root@Router ~]# ip address show
3: ens34: <BROADCAST,MULTICAST,UP,LOWER_UP> mtu 1500 qdisc fq_codel state UP
group default qlen 1000
    link/ether 00:0c:29:03:c4:e9 brd ff:ff:ff:ff:ff:ff
    inet 192.168.1.254/24 brd 192.168.1.255 scope global noprefixroute ens34
      valid_lft forever preferred_lft forever
【...省略显示部分内容...】
4: ens38: <BROADCAST,MULTICAST,UP,LOWER_UP> mtu 1500 qdisc fq_codel state UP
group default qlen 1000
    link/ether 00:0c:29:03:c4:f3 brd ff:ff:ff:ff:ff:ff
```

```
    inet 192.168.2.254/24 brd 192.168.2.255 scope global noprefixroute ens38
       valid_lft forever preferred_lft forever
【... 省略显示部分内容 ...】
```

（3）在 DHCP 中继代理服务器内开启路由功能，在配置文件 /etc/sysctl.conf 内加入 net.ipv4.ip_forward 选项并修改为 1。代码如下：

```
[root@Router ~]# vim /etc/sysctl.conf
【... 省略显示部分内容 ...】
net.ipv4.ip_forward = 1
【... 省略显示部分内容 ...】
```

（4）使用【sysctl -p】命令使配置马上生效。代码如下：

```
[root@Router ~]# sysctl -p
net.ipv4.ip_forward = 1
【... 省略显示部分内容 ...】
```

（5）使用【yum】命令安装 dhcp-relay 服务和 dhcp-server 服务。代码如下：

```
[root@Router ~]# yum -y install dhcp-relay dhcp-server
```

（6）在中继代理服务安装完成后，即可使用【dhcrelay】命令开启 DHCP 中继代理服务。代码如下：

```
[root@Router ~]# dhcrelay 192.168.1.1
Dropped all unnecessary capabilities.
Internet Systems Consortium DHCP Relay Agent 4.4.2
Copyright 2004-2020 Internet Systems Consortium.
All rights reserved.
For info, please visit https://www.isc.org/software/dhcp/
Listening on LPF/ens38/00:0c:29:03:c4:f3
Sending on   LPF/ens38/00:0c:29:03:c4:f3
Listening on LPF/ens34/00:0c:29:03:c4:e9
Sending on   LPF/ens34/00:0c:29:03:c4:e9
Listening on LPF/ens33/00:0c:29:03:c4:df
Sending on   LPF/ens33/00:0c:29:03:c4:df
Sending on   Socket/fallback
```

▶ 任务验证

配置 DHCP 客户端并验证 IP 地址是否自动配置。

（1）DHCP 客户端的配置：将研发部 DHCP 客户端 PC2 的 TCP/IP 配置为自动获取。修改配置文件，将 BOOTPROTO 选项修改 dhcp。代码如下：

```
[root@PC2 ~]# vim /etc/sysconfig/network-scripts/ifcfg-ens34
【... 省略显示部分内容 ...】
BOOTPROTO=dhcp
【... 省略显示部分内容 ...】
```

（2）查看客户端的 IP 地址。重启网卡，查看 DHCP 中继代理服务是否配置成功。代码如下：

```
[root@PC2 ~]# nmcli connection down ens34
[root@PC2 ~]# nmcli connection up ens34

[root@PC2 ~]# nmcli device show ens34
【... 省略显示部分内容 ...】
IP4.ADDRESS[1]:                192.168.2.10/24
IP4.GATEWAY:                   192.168.2.254
IP4.ROUTE[1]:                  dst = 0.0.0.0/0, nh = 192.168.2.254, mt = 101
IP4.ROUTE[2]:                  dst = 192.168.2.0/24, nh = 0.0.0.0, mt = 101
IP4.DNS[1]:                    192.168.1.2
【... 省略显示部分内容 ...】
```

（3）使用【cat】命令查看 resolv.conf 文件。代码如下：

```
[root@PC2 ~]#  cat /etc/resolv.conf
# Generated by NetworkManager
search localdomain
nameserver 192.168.1.2
```

扫一扫，
看微课

任务 6-4　DHCP 服务器
的日常运维与管理

任务 6-4　DHCP 服务器的日常运维与管理

▶ 任务规划

公司 DHCP 服务器运行了一段时间后，员工反映现在接入网络变得简单快捷，体验很好。公司 DHCP 服务已经成为企业基础网络架构的重要服务之一，因此希望网络部门能对该服务做好日常监控与管理，务必保障该服务的可用性。

提高 DHCP 服务器的可用性一般通过以下两种途径。

（1）在日常网络运维中对 DHCP 服务器进行监控，查看 DHCP 服务器是否正常工作。

（2）对 DHCP 服务器配置信息定期进行备份，一旦该服务出现故障，通过备份快速还原。

▶ 任务实施

1. 使用【systemctl status dhcpd】命令查看服务状态

确保服务处于 active（running）状态。代码如下：

```
[root@DHCPServer ~]# systemctl status dhcpd
● dhcpd.service - DHCPv4 Server Daemon
    Loaded: loaded (/usr/lib/systemd/system/dhcpd.service; disabled; vendor
preset: disabled)
   Active: active (running) since Tue 2021-12-21 15:09:05 CST; 5min ago
     Docs: man:dhcpd(8)
           man:dhcpd.conf(5)
 Main PID: 2946 (dhcpd)
   Status: "Dispatching packets..."
    Tasks: 1
   Memory: 4.4M
   CGroup: /system.slice/dhcpd.service
           └─2946 /usr/sbin/dhcpd -f -cf /etc/dhcp/dhcpd.conf -user dhcpd
-group dhcpd --no-pid
```

2. DHCP 服务器的备份

Linux 系统的 DHCP 服务器备份，只需要将配置文件保存下来即可，可以创建定期备份任务，备份的要求为将配置文件保存到 /backup/dhcp 目录下，每周星期天进行一次备份，备份的格式为文件名称加备份时间，文件的后缀为 .bak。代码如下：

```
[root@DHCPServer ~]# crontab -e
* * * * 0 /usr/bin/mkdir -p /backup/dhcp/
* * * * 0 /usr/bin/cp /etc/dhcp/dhcpd.conf /backup/dhcp/dhcpd.conf_$(date
+\%Y\%m\%d).bak
[root@DHCPServer ~]# crontab -l
* * * * 0 /usr/bin/mkdir -p /backup/dhcp/
* * * * 0 /usr/bin/cp /etc/dhcp/dhcpd.conf /backup/dhcp/dhcpd.conf_$(date
+\%Y\%m\%d).bak
```

3. DHCP 服务器的还原

如果 DHCP 服务器出现问题，可采用 DHCP 的 Failover 协议实施 DHCP 的热备份。采用 DHCP 的 Failover 协议实施 DHCP 的热备份，有如下优点。

（1）一台服务器故障不影响正常的 DHCP 服务，可以将故障机下线维修好再上线。

（2）单台服务器故障对用户没有任何影响。

（3）此方案采用双机热备份，负载相对可以均衡地分布在两台服务器上，因此可以更好地应对严重的 DHCP 攻击等突发事件。

4. DHCP 配置文件的语法格式检查

在书写 DHCP 配置文件的内容时，出现了语法错误后，DHCP 服务是无法正常启动的，可以使用 DHCP 内置命令查询语法格式。代码如下：

```
[root@DHCPServer ~]# dhcpd -t -cf /etc/dhcp/dhcpd.conf
Internet Systems Consortium DHCP Server 4.4.2
Copyright 2004-2020 Internet Systems Consortium.
All rights reserved.
For info, please visit https://www.isc.org/software/dhcp/
/etc/dhcp/dhcpd.conf line 8: unknown option dhcp.router
    option router 192.
          ^
/etc/dhcp/dhcpd.conf line 11: unexpected end of file

^
Configuration file errors encountered -- exiting

【 ... 省略显示部分内容 ... 】
```

以上代码显示使用命令后，已经提示错误的位置和错误的行数，可以对照该提示去修改，错误 1 为 routers 拼写错误，错误 2 为语句结束没有添加分号。

5. DHCP 的故障排查

在 DHCP 客户端无法发现 DHCP 服务器或者无法获取正确的 IP 地址时，可以检查以下内容。

（1）查看 DHCP 服务器和 DHCP 客户端之间的物理连通性，是否存在丢包或者延迟较大的情况。

（2）DHCP 服务器地址池网段配置错误。

（3）DHCP 服务是未正常启动。

（4）查看 DHCP 服务的日志文件，大部分的问题，日志文件里面都会给出提示，如

DHCP 租约时间设置过长，地址池地址分配完毕，没有空闲地址，也能导致 DHCP 客户端无法获取地址，或者在其他的 DHCP 服务器上获取了不正确的地址。代码如下：

```
[root@DHCPServer ~]# systemctl status dhcpd
● dhcpd.service - DHCPv4 Server Daemon
  Loaded: loaded (/usr/lib/systemd/system/dhcpd.service; disabled; vendor preset:
disabled)
  Active: active (running) since Wed 2021-12-22 08:21:59 EDT; 16min ago
    Docs: man:dhcpd(8)
          man:dhcpd.conf(5)
 Main PID: 18322 (dhcpd)
  Status: "Dispatching packets..."
   Tasks: 1 (limit: 23858)
  Memory: 5.2M
  CGroup: /system.slice/dhcpd.service
          └─18322 /usr/sbin/dhcpd -f -cf /etc/dhcp/dhcpd.conf -user dhcpd -group
dhcpd --no-pid


12月 22 08:36:09 dhcp.Jan16.cn dhcpd[18322]: DHCPDISCOVER from 00:0c:29:10:94:b3
via ens34: network 192.168.1.0/24: no free leases
12月 22 08:36:09 dhcp.Jan16.cn dhcpd[18322]: DHCPDISCOVER from 00:0c:29:10:94:b3
via 192.168.1.2: network 192.168.1.0/24: no free leases
12月 22 08:36:20 dhcp.Jan16.cn dhcpd[18322]: DHCPDISCOVER from 00:0c:29:10:94:b3
via ens34: network 192.168.1.0/24: no free leases
12月 22 08:36:20 dhcp.Jan16.cn dhcpd[18322]: DHCPDISCOVER from 00:0c:29:10:94:b3
via 192.168.1.2: network 192.168.1.0/24: no free leases
12月 22 08:36:33 dhcp.Jan16.cn dhcpd[18322]: DHCPDISCOVER from 00:0c:29:10:94:b3
via ens34: network 192.168.1.0/24: no free leases
12月 22 08:36:33 dhcp.Jan16.cn dhcpd[18322]: DHCPDISCOVER from 00:0c:29:10:94:b3
via 192.168.1.2: network 192.168.1.0/24: no free leases
12月 22 08:36:48 dhcp.Jan16.cn dhcpd[18322]: DHCPDISCOVER from 00:0c:29:10:94:b3
via ens34: network 192.168.1.0/24: no free leases
12月 22 08:36:48 dhcp.Jan16.cn dhcpd[18322]: DHCPDISCOVER from 00:0c:29:10:94:b3
via 192.168.1.2: network 192.168.1.0/24: no free leases
12月 22 08:36:59 dhcp.Jan16.cn dhcpd[18322]: DHCPDISCOVER from 00:0c:29:10:94:b3
via ens34: network 192.168.1.0/24: no free leases
12月 22 08:36:59 dhcp.Jan16.cn dhcpd[18322]: DHCPDISCOVER from 00:0c:29:10:94:b3
via 192.168.1.2: network 192.168.1.0/24: no free leases
```

▶ 任务验证

查看 /backup/dhcp 目录内是否存在备份文件。代码如下：

```
[root@DHCPServer ~]# ll /backup/dhcp
总用量 4
-rw-r--r-- 1 root root 639 12 月 26 00:00 dhcpd.conf_20211226.bak
```

练 习 与 实 践

一、理论习题

1. DHCP 服务的配置文件为（　　　）。

A. /etc/dhcp/dhcpd6.conf　　　　　　　B. /etc/dhcp/dhcpd.conf

C. /etc/dhcp/dhcpclient.conf　　　　　　D. /etc/dhcp/dhcpclient.d

2. 查询已安装软件包 DHCP 内所含文件信息的命令是（　　　）。

A. rpm -qa dhcp-server　　　　　　　　B. rpm -ql dhcp-server

C. rpm -V dhcp-server　　　　　　　　　D. rpm -qp dhcp-server

3. DHCP 服务器需要为跨网段的设备分配 IP 地址，需要以下哪个服务的帮助？（　　　）

A. 路由　　　　　　　　　　　　　　　B. 网关

C. DHCP 中继代理服务　　　　　　　　D. 防火墙

4. 可以使用哪个方法查看 DHCP 服务器是否正常启动？（　　　）

A. find / dhcp　　　　　　　　　　　　B. less /var/log/message

C. cat /etc/passwd　　　　　　　　　　D. ss -tunlp

5. DHCP 配置文件中的 option routers 参数代表的含义是（　　　）？

A. 分配给客户端一个固定的地址　　　B. 为客户端指定子网掩码

C. 为客户端指定 DNS 域名　　　　　　D. 为客户端指定默认网关

6. DHCP 服务器分配给 DHCP 客户端的默认租约是几天？（　　　）

A. 8　　　　　　　　B. 7　　　　　　　　C. 6　　　　　　　　D. 5

7. 在 Linux 系统中 DHCP 服务可以通过以下什么命令重新获取 TCP/IP 配置信息？
（　　　）

A. dhclient -v eth0　　　　　　　　　　B. dhclient -r eth0 /all

C. ipconfig /renew　　　　　　　　　　D. ipconfig /release

8. DHCP 可以通过以下什么命令释放 TCP/IP 信息？（　　　）

A. dhclient -v eth0　　　　　　　　　　B. dhclient -r eth0 /all

C. ipconfig /renew   D. ipconfig /release

二、项目实训题

1. 项目内容

Jan16 公司内部计算机全部使用静态 IP 地址实现互联互通，由于公司规模不断扩大，需要通过部署 DHCP 服务器实现销售部、行政部和财务部的所有计算机动态获取 TCP/IP 信息，实现全网互联互通。根据公司的网络规划，划分 VLAN 1、VLAN 2 和 VLAN 3 三个网段，网络地址分别为：172.20.0.0/24、172.21.0.0/24 和 172.22.0.0/24。公司采用 Kylin 系统服务器作为各部门互联的路由器。根据所给网络拓扑图配置好网络环境，Jan16 公司的网络拓扑如图 6-6 所示。

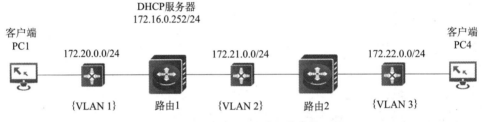

图 6-6　Jan16 公司的网络拓扑

2. 项目要求

（1）根据图 6-6，分析网络需求，配置各计算机，实现全网互联互通。

（2）配置 DHCP 服务器，实现 PC1 能自动获取 IP 地址，并能与 PC4 进行通信。

（3）每台 PC 要求使用【ip address show】命令查看结果，并截图。

项目 7　部署企业的 DNS 服务

[学习目标]
（1）了解 DNS 的基本概念。
（2）掌握 DNS 域名的解析过程。
（3）掌握主要 DNS、辅助 DNS、委派 DNS 等服务的概念与应用。
（4）掌握 DNS 服务器的备份与还原等常规维护与管理技能。
（5）掌握多区域企业组织架构下部署 DNS 服务的业务实施流程。

 项目描述

Jan16 公司总部位于北京，子公司位于广州，并在香港建有公司办事处，总部和子公司建有公司大部分的应用服务器，办事处仅有少量的应用服务器。

现阶段，公司内部机全部通过 IP 地址实现相互访问，员工经常抱怨 IP 地址众多且难以记忆，要访问相关的业务系统非常麻烦，公司要求管理员尽快部署域名解析系统，实现基于域名访问公司的业务系统，以提高工作效率。

因此，管理员针对公司网络拓扑和服务器情况做了一份 DNS 部署规划方案，具体内容如下。

（1）DNS 服务器的部署。主 DNS 服务器主要部署在北京，负责公司 jan16.cn 域名的管理和总部区域计算机域名的解析；在广州子公司部署一个委派 DNS 服务器，负责gz.jan16.cn 域名的管理和广州区域计算机域名的解析；在香港办事处部署一个辅助 DNS服务器，负责香港区域计算机域名的解析。

（2）公司域名规划。公司为主要的应用服务器做了域名规划，域名、IP 地址和服务器的映射关系如表 7-1 所示。

表 7-1　域名、IP 地址和服务器的映射关系表

服务器角色	计算机名称	IP 地址	域名	位置
主 DNS 服务器	DNS	192.168.1.1/24	dns.jan16.cn	北京总部
Web 服务器	Web	192.168.1.10/24	www.jan16.cn	北京总部
委派 DNS 服务器	GZDNS	192.168.1.100/24	dns.gz.jan16.cn	广州子公司
文件服务器	FS	192.168.1.101/24	fs.gz.jan16.cn	广州子公司
辅助 DNS 服务器	HKDNS	192.168.1.200/24	hk.jan16.cn	香港办事处

（3）公司 DNS 服务器的日常管理。管理员应具备日常维护 DNS 服务器的能力，包括启动和关闭 DNS 服务、DNS 递归查询管理等，要求管理员每月备份一次 DNS 服务器的数据，在 DNS 服务器出现故障时能利用备份数据快速重建。公司网络拓扑如图7-1 所示。

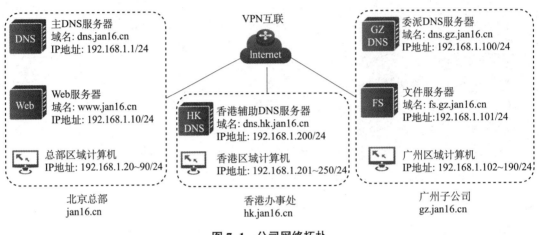

图 7-1　公司网络拓扑

项目分析

DNS 服务被应用于域名和 IP 地址的映射，对于 IP 地址，域名更容易被用户记忆，通过部署 DNS 服务可以实现计算机使用域名来访问各种应用服务器，提高工作效率。

在企业网络中，常根据企业地理位置和所管理域名的数量，部署不同类型的 DNS 服务器来解决域名解析问题，常见的 DNS 服务器角色包括：主 DNS 服务器、辅助 DNS 服务器、委派 DNS 服务器等。

根据 Jan16 公司网络拓扑和项目需求，本项目可以通过以下工作任务来完成，具体如下。

（1）实现北京总部主 DNS 服务器的部署。

（2）实现广州子公司委派 DNS 服务器的部署。

（3）实现香港办事处辅助 DNS 服务器的部署。

（4）DNS 服务器的管理。

相关知识

在 TCP/IP 网络中，计算机之间进行通信需要通过 IP 地址。然而，由于 IP 地址是一些数字的组合，对于普通用户来说，记忆和使用都非常不方便。为解决该问题，需要为用户提供一种友好并方便记忆和使用的名称，并且需要将该名称转换为 IP 地址以便实现网络通信，DNS（域名系统）就是一套用简单易记的用名称来映射 IP 地址的解决方案。

7.1 DNS 的基本概念

1. 什么是 DNS

DNS 是 Domain Name System（域名系统）的缩写，域名虽然便于人们记忆，但计算机之间只能通过 IP 地址来通信，域名和 IP 地址之间的转换工作称为域名解析，域名解析需要由专门的域名解析服务器来完成，DNS 服务器就是进行域名解析的服务器。

DNS 名称采用完全合格域名（Fully Qualified Domain Name，FQDN）的形式，由主机名和域名两部分组成。例如，www.baidu.com 就是一个典型的 FQDN，其中，baidu.com 是域名，表示一个区域；www 是主机名，表示 baidu.com 区域内的一台主机。

2. 域名空间

DNS 的域是一种分布式的层次结构。DNS 域名空间包括根域（root domain）、顶级域（top-level domains）、二级域（second-level domains）及子域（sub domains）。如 www.pconline.com.cn.，其中【.】代表根域，【cn】为顶级域，【com】为二级域，【pconline】为三级域，【www】为主机名。

DNS 规定，域名中的标号都由英文字母和数字组成，每个标号不超过 63 个字符，也不区分大小写。标号中除了连字符【-】不能使用其他标点符号。级别最低的域名写在最左边，而级别最高的域名写在最右边。由多个标号组成的完整域名总共不超过 255 个字符。域名体系层次结构如图 7-2 所示。

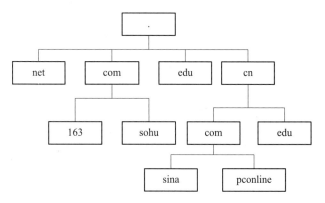

图 7-2 域名体系层次结构

顶级域有两种类型的划分方式：机构域和地理域，表 7-2 列举了常用的机构域和地理域。

表 7-2　常用的机构域和地理域

机构域		地理域	
顶级域名	类型	顶级域名	国家 / 地区
.com	商业组织	.cn	中国
.edu	教育组织	.us	美国
.net	网络支持组织	.fr	法国
.gov	政府机构	.hk	香港（地区）
.org	非商业性组织	.mo	澳门（地区）
.int	国际组织	.tw	台湾（地区）

7.2　DNS 服务器的分类

DNS 服务器用于实现 DNS 名称和 IP 地址的双向解析，将域名解析为 IP 地址的过程称为正向解析，将 IP 地址解析为域名的过程称为反向解析。在网络中，主要存在 4 种 DNS 服务器：主 DNS 服务器、辅助 DNS 服务器、转发 DNS 服务器和缓存 DNS 服务器。

1. 主 DNS 服务器

主 DNS 服务器是特定 DNS 域内所有信息的权威性信息源。主 DNS 服务器保存着自主生产的区域文件，该文件是可读 / 写的。当 DNS 区域中的信息发生变化时，这些变化都会保存到主 DNS 服务器的区域文件中。

2. 辅助 DNS 服务器

辅助 DNS 服务器不创建区域数据，它的区域数据是从主 DNS 服务器复制来的，因此，区域数据只能读不能修改，也称为副本区域数据。当启动辅助 DNS 服务器时，辅助 DNS 服务器会和主 DNS 服务器建立联系，并从主 DNS 服务器中复制数据。辅助 DNS 服务器在工作时，它会定期地更新副本区域数据，以尽可能地保证副本和正本区域数据的一致性。辅助 DNS 服务器除了可以从主 DNS 服务器复制数据，还可以从其他辅助 DNS 服务器复制区域数据。

在一个区域中设置多个辅助 DNS 服务器可以提供容错，减轻主 DNS 服务器的负担，同时可以加快 DNS 解析的速度。

3. 转发 DNS 服务器

转发 DNS 服务器用于将 DNS 解析请求转发给其他 DNS 服务器。当 DNS 服务器收到客户端的请求后，它首先会尝试从本地数据库中查找，若能找到，则将解析结果返回给客户端；若未找到，则需要向其他 DNS 服务器转发解析请求，其他 DNS 服务器在完成解析后会返回解析结果，转发 DNS 服务器会将该结果存储在自己的缓存中，同时返回给客户端解析结果。后续如果客户端再次请求解析相同的名称，转发 DNS 服务器会根据缓存记录结果回复该客户端。

4. 缓存 DNS 服务器

缓存 DNS 服务器可以提供名称解析，但没有存储任何本地数据库文件。缓存 DNS 服务器必须同时是转发 DNS 服务器，它将客户端的解析请求转发给其他 DNS 服务器，并将结果存储在缓存中。其与转发 DNS 服务器的区别在于没有本地数据库文件，缓存服务器仅缓存本地局域网内客户端的查询结果。缓存 DNS 服务器不是权威的服务器，因为它所提供的所有信息都是间接信息。

7.3　DNS 的查询模式

DNS 客户端向 DNS 服务器提出查询，DNS 服务器做出响应的过程称为域名解析。

正向解析是当 DNS 客户端向 DNS 服务器提交域名查询 IP 地址，或者 DNS 服务器向另一台 DNS 服务器（提出查询的 DNS 服务器相对而言也是 DNS 客户端）提交域名查询 IP 地址时，DNS 服务器做出响应的过程。反过来，如果 DNS 客户端向 DNS 服务器提交 IP 地址查询域名，DNS 服务器做出响应的过程则称为反向解析。

根据 DNS 服务器对 DNS 客户端的不同响应方式，域名解析可分为两种类型：递归查询和迭代查询。

1. 递归查询

递归查询通常在 DNS 客户端向 DNS 服务器发出解析请求时使用。DNS 服务器会向 DNS 客户端返回两种结果：查询到的结果或查询失败。若当前 DNS 服务器无法解析名称，则其不会告知 DNS 客户端，而是自行向其他 DNS 服务器查询并完成解析，并将解析结果反馈给 DNS 客户端。

2. 迭代查询

迭代查询通常在一台 DNS 服务器向另一台 DNS 服务器发出解析请求时使用。发起者向 DNS 服务器发出解析请求，若当前 DNS 服务器未能在本地查询到请求的数据，则当前 DNS 服务器将告知另一台 DNS 服务器的 IP 地址给查询 DNS 服务器；然后，由发起查询的 DNS 服务器自行向另一台 DNS 服务器发起查询；以此类推，直到查询到所需信息为止。

迭代的意思：若在某地查不到，该地就会告知查询者其他地方的地址，让查询者转到其他地方去查。

7.4 DNS 域名解析过程

DNS 域名解析过程如图 7-3 所示。

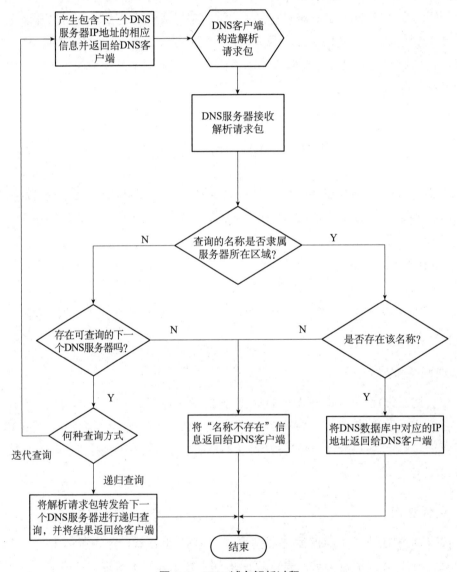

图 7-3 DNS 域名解析过程

7.5　DNS 服务常用文件及参数解析

1. DNS 的主配置文件 /etc/named.conf

该文件包括了 DNS 的基本配置和根区域配置，其他区域配置使用了参数 include 加载外部的区域配置文件。/etc/named.conf 文件的部分输出如下：

```
//
// named.conf
//
options {
        listen-on port 53 { 127.0.0.1; };
        listen-on-v6 port 53 { ::1; };
        directory       "/var/named";
        dump-file       "/var/named/data/cache_dump.db";
        statistics-file "/var/named/data/named_stats.txt";
        memstatistics-file "/var/named/data/named_mem_stats.txt";
        secroots-file   "/var/named/data/named.secroots";
        recursing-file  "/var/named/data/named.recursing";
        allow-query     { localhost; };
【... 省略显示部分内容 ...】
        recursion yes;
        dnssec-validation yes;
【... 省略显示部分内容 ...】
logging {
        channel default_debug {
                file "data/named.run";
                severity dynamic;
        };
};

zone "." IN {
        type hint;
        file "named.ca";
};

include "/etc/named.rfc1912.zones";
include "/etc/named.root.key";
```

options 配置段为全局性的配置，zone 配置段为区域性的配置，其中以【//】开头的为注释，常用的配置项及参数解析如表 7-3 所示。

表 7-3 /etc/named.conf 文件参数解析

常用的配置项	参数解析
listen-on port 53 {…};	设置 named 守护进程监听的 IP 地址和端口。在默认情况下监听 127.0.0.1 的回环地址和 53 端口，在回环地址内只能监听本地客户端请求，可通过命令指定监听的 IP 地址，修改参数为 any 代表监听任何 IP 地址
listen-on-v6 port 53 {…};	限定监听 IPv6 的接口
directory " ";	用于指定 named 守护进程的工作目录，各区域正反向搜索解析文件和 DNS 根服务器地址列表文件（named.ca）应放在该项目指定的目录中
allow-query {…};	允许 DNS 查询的客户端地址。修改参数为 any 代表匹配任何地址，none 代表不匹配任何地址，localhost 代表匹配本地主机所使用的所有 IP 地址，localnets 代表匹配同本地主机相连的网络中的所有主机
recursion yes;	是否允许递归查询，yes 为允许，no 为拒绝
dnssec-validation yes;	在 DNS 查询过程中是否使用 DNSSEC 验证，yes 为启用，no 为禁用
forward{};	用于定义 DNS 转发器。在设置了转发器后，所有非本域和在缓存中无法解析的域名记录，可由指定的 DNS 转发器来完成解析工作并进行缓存
zone "…"	代表该区域名称为【.】，【.】为根域，是整个域名系统的最高级，该条目用于指定 DNS 根服务器的配置信息
type hint;	代表该区域的区域类型。hint 代表根域，master 代表主域，slave 代表从域
file "name.ca";	指定根域的区域配置数据文件。区域配置数据文件默认保存在 /var/named/ 目录中，该条目代表配置文件的目录在 /var/named/named.ca 文件中
include "…";	指定区域配置文件，需根据实际路径和名称修改

2. 根区域文件 /var/named/named.ca

/var/named/named.ca 文件是一个非常重要的文件，其包含了 Internet 内顶级域名服务器的名字和地址，包括 13 台 DNS 根服务器，均支持双栈协议（同时支持 IPv4 协议和 IPv6 协议）。利用该文件可以让 DNS 服务器找到根 DNS 服务器，并初始化 DNS 的缓冲区。当 DNS 服务器接收到客户端的查询请求时，如果在缓冲区内找不到对应的域名记录，就会通过 DNS 服务器进行逐级查询。/var/named/named.ca 文件部分输出如下：

```
【... 省略显示部分内容 ...】
.                        518400  IN    NS      i.root-servers.net.
.                        518400  IN    NS      j.root-servers.net.
.                        518400  IN    NS      k.root-servers.net.
.                        518400  IN    NS      l.root-servers.net.
.                        518400  IN    NS      m.root-servers.net.
;; ADDITIONAL SECTION:
a.root-servers.net.      518400  IN    A       198.41.0.4
```

```
b.root-servers.net.        518400   IN        A        199.9.14.201
c.root-servers.net.        518400   IN        A        192.33.4.12
【... 省略显示部分内容 ...】
```

根区域文件的参数及解析如表 7-4 所示。

表 7-4　根区域文件的参数及解析

参　数	解　析
;	以【;】开头的行为注释行
.　　　　518400 IN NS　　i.root-servers.net.	【.】表示根域；518400 代表存活期；IN 代表资源记录的网络类型，表示 Internet 类型；NS 代表资源记录类型，i.root-servers.net. 代表主机域名
a.root-servers.net.　518400 IN 　A　198.41.0.4	A 资源记录用于指定根域服务器的 IP 地址；a.root-servers.net 代表主机域名；518400 代表存活期；IN 代表资源记录的网络类型，表示 Internet 类型；A 代表资源记录，198.41.0.4 代表对应的 IP 地址

3. 区域配置文件 /etc/named.rfc1912.zones

在设计初期，为了避免频繁修改主配置文件而导致 DNS 服务出错，所以区域信息的规则保存在区域配置文件内，用于定义域名与 IP 地址解析规则文件的保存位置及区域服务类型等内容，需要谨慎修改，编辑该文件前可以对该文件进行备份，修改名称为 named.zones，并修改 /etc/named.conf 文件的 include 选项。

区域配置文件的部分输出如下：

```
zone "localhost.localdomain" IN {
        type master;
        file "named.localhost";
        allow-update { none; };
};
【... 省略显示部分内容 ...】
zone "1.0.0.127.in-addr.arpa" IN {
        type master;
        file "named.loopback";
        allow-update { none; };
【... 省略显示部分内容 ...】
```

区域配置文件的参数及解析如表 7-5 所示。

表 7-5　区域配置文件的参数及解析

参　数	解　析
type master;	代表该区域的区域类型。hint 代表根域，master 代表主域，slave 代表从域
file "named.localhost";	指定（正向 / 反向）查询区域的文件
allow-update{};	允许客户端动态更新，none 代表不允许

4. 正向区域文件 /var/named/named.localhost 和反向区域文件 /var/named/named.loopback

在 DNS 区域配置的每个区域中都指定了区域配置文件，区域配置文件内定义了域名和 IP 地址的映射关系。例如，localhost 的区域配置文件为 named.localhost，1.0.0.127 的区域配置文件为 named.loopback。一般在配置正向区域时，会复制 named.localhost 文件作为样例。在配置反向区域时，会复制 named.loopback 文件作为样例，当复制样例文件时，需要添加参数 -p，确保 named 用户对文件具有读取权限。

正向区域文件 /var/named/named.localhost 的输出如下：

```
$TTL 1D
@       IN SOA  @ rname.invalid. (
                                        0       ; serial
                                        1D      ; refresh
                                        1H      ; retry
                                        1W      ; expire
                                        3H )    ; minimum
        NS      @
        A       127.0.0.1
        AAAA    ::1
```

反向区域文件 /var/named/named.loopback 的输出如下：

```
$TTL 1D
@       IN SOA  @ rname.invalid. (
                                        0       ; serial
                                        1D      ; refresh
                                        1H      ; retry
                                        1W      ; expire
                                        3H )    ; minimum
        NS      @
        A       127.0.0.1
        AAAA    ::1
        PTR     localhost.
```

正 / 反向区域文件的参数及解析如表 7-6 所示。

表 7-6　正 / 反向区域文件的参数及解析

参　数	解　析
$TTL 1D	代表地址解析记录的默认缓存天数，TTL 为最小时间间隔，单位为秒。1D 代表一天

（续表）

参　　数	解　　析
@	代表该域的替换符，即当前 DNS 的区域名
IN	代表网络类型
SOA	Start Of Authority，起始授权记录，代表资源记录类型，；一个区域解析库有且仅能有一个 SOA 记录，必须是解析库的第一条记录
rname.invalid.	代表管理员邮箱地址
0　　; serial	serial 为该文件的版本号，0 为更新序列表，序列号格式为 yyyymmddnn，该数据代表辅助 DNS 服务器与主 DNS 服务器进行同步功能所需比对的值。若同步时该值比最后一次更新的值大，则进行区域复制
1D　　; refresh	代表刷新时间为一天，该值定义了辅助 DNS 服务器根据定义的时间，周期性检查主 DNS 服务器的序列号是否发生改变，若发生改变则进行区域复制
1H　　; retry	重试延时，定义辅助 DNS 服务器在更新间隔到期后，仍然无法与主 DNS 服务器通信时，重试区域复制的时间间隔，默认为 1 小时
1W　　; expire	失效时间，定义辅助 DNS 服务器在特定的时间间隔内无法与主 DNS 服务器取得联系，则该辅助 DNS 服务器上的数据库文件被认定为无效，不再响应查询请求
3H）　; minimum	存活时间，对于没有特别指定存活时间的资源记录，默认取值为 3 小时
NS　　@	Name Server，专用于标明当前区域的 DNS 服务器，格式为【@　IN　NS　dns.jan16.cn.】
A　　127.0.0.1	Internet Address，FQDN → IP，定义域名与 IP 地址的映射关系，格式为【dns IN　A　192.168.1.1】
PTR　　localhost.	Pointer，IP → FQDN，指针记录，定义 IP 地址与域名的映射关系，格式为【1 IN　RTP　dns.jan16.cn】，1 代表 IP 地址为 192.168.1.1
@　IN　MX　10　mail.jan16.cn	Mail eXchanger，定义邮箱服务器，优先级为 10，数字越小，优先级越高
web　IN　CNAME　www.jan16.cn	Canonical Name，定义别名，代表 web.jan16.cn 是 www.jan16.cn 的别名

 项目实施

扫一扫，
看微课

任务 7-1　实现总部主
DNS 服务器的部署

任务 7-1　实现总部主 DNS 服务器的部署

▶ 任务规划

公司总部为了保证网络的正常运行，需要部署 DNS 服务器，现已为总部准备了一台安装了 Kylin 系统的服务器，北京总部网络拓扑如图 7-4 所示。

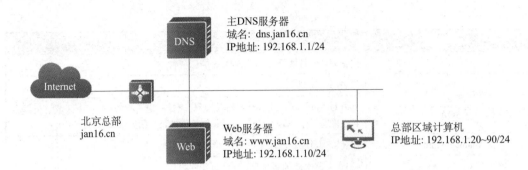

图7-4　北京总部网络拓扑

公司要求管理员部署 DNS 服务，以实现客户端基于域名来访问公司门户网站。北京总部服务器的域名、IP 地址和服务器的映射关系如表 7-7 所示。

表 7-7　北京总部服务器的域名、IP 地址和服务器的映射关系

服务器角色	计算机名称	IP 地址	域名	位置
主 DNS 服务器	DNS	192.168.1.1/24	dns.jan16.cn	北京总部
Web 服务器	Web	192.168.1.10/24	www.jan16.cn	北京总部

因此，在北京总部的 DNS 服务器上安装 Kylin 系统后，可以通过以下步骤来部署总部的 DNS 服务。

（1）配置 DNS 服务的角色与功能。

（2）为 jan16.cn 创建主要区域。

▶ 任务实施

1. 配置 DNS 服务的角色与功能

（1）安装 DNS 服务，使用【yum】命令进行包的下载、安装。需要安装的包为 bind、bind-chroot 和 bind-utils，下载完成后，使用【rpm】命令查看是否已安装。代码如下：

```
[root@DNS ~]# yum -y install bind bind-chroot bind-utils

[root@DNS ~]# rpm -qa | grep bind
rpcbind-1.2.5-2.ky10.x86_64
bind-9.11.21-6.ky10.x86_64
bind-libs-9.11.21-6.ky10.x86_64
bind-libs-lite-9.11.21-6.ky10.x86_64
bind-utils-9.11.21-6.ky10.x86_64
keybinder3-0.3.2-8.ky10.x86_64
python3-bind-9.11.21-6.ky10.noarch
bind-export-libs-9.11.21-4.ky10.x86_64
bind-chroot-9.11.21-6.ky10.x86_64
```

（2）在 DNS 服务安装完成后，启动服务并设置为开机自动启动，检查服务的状态。代码如下：

```
[root@DNS ~]# systemctl start named
[root@DNS ~]# systemctl enable named
Created symlink /etc/systemd/system/multi-user.target.wants/named.service  →  /
usr/lib/systemd/system/named.service.
[root@DNS ~]# systemctl status named
• named.service - Berkeley Internet Name Domain (DNS)
   Loaded: loaded (/usr/lib/systemd/system/named.service; enabled; vendor pre>
   Active: active (running) since Wed 2021-12-22 10:44:30 CST; 28s ago
 Main PID: 15476 (named)
    Tasks: 4
   Memory: 54.5M
   CGroup: /system.slice/named.service
           └─15476 /usr/sbin/named -u named -c /etc/named.conf
...
```

（3）主 DNS 服务器配置 IP 地址为 192.168.1.1/24，将 DNS 服务器的地址设置为本机 IP 地址。代码如下：

```
[root@DNS ~]# nmcli connection modify ens34 ipv4.addresses 192.168.1.1/24 ipv4.
dns 192.168.1.1 ipv4.method manual
[root@DNS ~]# nmcli connection up ens34
```

（4）查看 resolv.conf 文件。代码如下：

```
[root@DNS ~]#  cat /etc/resolv.conf
# Generated by NetworkManager
nameserver 192.168.1.1
```

2. 为 jan16.cn 创建主要区域

（1）本 DNS 服务的主要配置文件有 /etc/named.conf（主配置文件）、/etc/named.rfc1912.zones（区域配置文件）和 /var/named/named.localhost（正向区域文件）。

首先需要打开主配置文件进行全局配置，修改监听范围参数为 any，修改允许客户端查询选项的参数为 any。代码如下：

```
[root@DNS ~]# vim /etc/named.conf
//
// named.conf
```

```
//
// Provided by Red Hat bind package to configure the ISC BIND named(8) DNS
// server as a caching only nameserver (as a localhost DNS resolver only).
//
// See /usr/share/doc/bind*/sample/ for example named configuration files.
//

options {
        listen-on port 53 { any; };          // 将 127.0.0.1 改为 any
listen-on-v6 port 53 { ::1; };
directory        "/var/named";
dump-file        "/var/named/data/cache_dump.db";
statistics-file "/var/named/data/named_stats.txt";
memstatistics-file "/var/named/data/named_mem_stats.txt";
secroots-file    "/var/named/data/named.secroots";
recursing-file   "/var/named/data/named.recursing";
        allow-query      { any; };           // 将 localhost 改为 any
```

（2）在区域配置文件内的末行定义域名和该区域配置文件的名称，由于在主配置文件内已经定义了区域配置文件存放的位置，所以在定义之后，在访问主配置文件时会自动去查找区域配置文件。代码如下：

```
[root@DNS ~]# vim /etc/named.rfc1912.zones
zone "jan16.cn" IN {
        type master;
        file "jan16.cn.zone";
        allow-update { none; };
};
```

（3）在北京总部的主 DNS 服务器上复制正向区域文件 /var/named/named.localhost，修改名称为 jan16.cn.zone，即刚才在区域配置文件内填写的文件名称。需要注意的是，由于区域配置文件的组是 root 所有，所以在复制时需要加参数 -p，以确保 named 用户可以访问该文件，确保服务能正常启动。代码如下：

```
[root@DNS ~]# cp -p /var/named/named.localhost /var/named/jan16.cn.zone
```

（4）修改 jan16.cn.zone 文件内的参数。主 DNS 服务器的域名为 dns.jan16.cn，IP 地址为 192.168.1.1/24，Web 服务器的域名为 www.jan16.cn，IP 地址为 192.168.1.10/24。代码如下：

```
[root@DNS ~]# vim /var/named/jan16.cn.zone
$TTL 1D
@       IN SOA  @ root.jan16.cn. (
                                        0       ; serial
                                        1D      ; refresh
                                        1H      ; retry
                                        1W      ; expire
                                        3H )    ; minimum
        NS      dns
dns     A       192.168.1.1
www     A       192.168.1.10
```

（5）使用【named】相关命令检查配置文件是否正确。代码如下：

```
[root@DNS ~]# named-checkconf /etc/named.conf
```

```
[root@DNS ~]# named-checkconf /etc/named.rfc1912.zones
```

```
[root@DNS ~]# named-checkzone jan16.cn /var/named/jan16.cn.zone
zone jan16.cn/IN: loaded serial 0
OK
```

（6）重启 DNS 服务，检查服务状态。代码如下：

```
[root@DNS ~]# systemctl restart named
[root@DNS ~]# systemctl status named
```

（7）切换到北京总部客户端 PC1，修改 IP 地址为 192.168.1.20/24，修改 DNS 服务器的地址为 192.168.1.1。代码如下：

```
[root@PC1 ~]# nmcli connection modify ens34 ipv4.addresses 192.168.1.20/24 ipv4.
dns 192.168.1.1 ipv4.method manual
[root@PC1 ~]# nmcli connection up ens34
```

```
[root@PC1 ~]# cat /etc/resolv.conf
# Generated by NetworkManager
nameserver 192.168.1.1
```

▶ 任务验证

1. 测试 DNS 服务是否配置成功

在 DNS 服务器内检查服务监听的端口是否正常启动。代码如下：

```
[root@DNS ~]# ss -tnl | grep 53
LISTEN    0    128    127.0.0.1:953        0.0.0.0:*
LISTEN    0    10     192.168.1.1:53        0.0.0.0:*
LISTEN    0    10     127.0.0.1:53         0.0.0.0:*

LISTEN    0    128    [::1]:953            [::]:*
LISTEN    0    10     [::1]:53             [::]:*
```

2. DNS 域名解析的测试

DNS 服务配置好后，对 DNS 域名解析的测试通常通过【ping】【nslookup】等命令进行验证。

（1）在北京总部客户端 PC1 上使用【ping】命令进行测试，如域名对应的主机存在，则结果为可以 ping 通。

```
[root@PC1 ~]# ping dns.jan16.cn
PING dns.jan16.cn (192.168.1.1) 56(84) bytes of data.
64 bytes from 192.168.1.1 (192.168.1.1): icmp_seq=1 ttl=64 time=1.39 ms
64 bytes from 192.168.1.1 (192.168.1.1): icmp_seq=2 ttl=64 time=0.834 ms
64 bytes from 192.168.1.1 (192.168.1.1): icmp_seq=3 ttl=64 time=0.705 ms
64 bytes from 192.168.1.1 (192.168.1.1): icmp_seq=4 ttl=64 time=0.653 ms

[root@PC1 ~]# ping www.jan16.cn
PING www.jan16.cn (192.168.1.10) 56(84) bytes of data.
64 bytes from 192.168.1.10 (192.168.1.10): icmp_seq=1 ttl=64 time=0.264 ms
64 bytes from 192.168.1.10 (192.168.1.10): icmp_seq=2 ttl=64 time=0.851 ms
64 bytes from 192.168.1.10 (192.168.1.10): icmp_seq=3 ttl=64 time=0.415 ms
64 bytes from 192.168.1.10 (192.168.1.10): icmp_seq=4 ttl=64 time=0.420 ms
```

（2）【nslookup】是一个专门用于 DNS 域名解析测试的命令，在终端窗口中，执行【nslookup dns.jan16.cn】命令，从命令返回结果可以看出，DNS 服务器解析 dns.jan16.cn 对应的 IP 地址为 192.168.1.1。DNS 服务器解析 www.jan16.cn 对应的 IP 地址为 192.168.1.10。

```
[root@PC1 ~]# nslookup dns.jan16.cn
Server:        192.168.1.1
Address:       192.168.1.1#53

Name:   dns.jan16.cn
Address: 192.168.1.1

[root@PC1 ~]# nslookup www.jan16.cn
```

```
Server:        192.168.1.1
Address:       192.168.1.1#53

Name:  www.jan16.cn
Address: 192.168.1.10
```

任务 7-2　实现广州子公司委派 DNS 服务器的部署

► 任务规划

广州子公司是一个相对独立运营的实体，它希望能更加便捷地管理自己的域名系统，为此，广州子公司准备了一台安装有 Kylin 系统的服务器，广州子公司与北京总部的网络拓扑如图 7-5 所示。

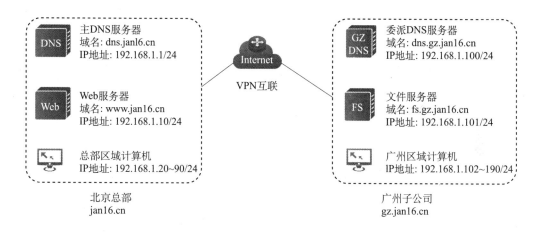

图 7-5　广州子公司与北京总部的网络拓扑

公司要求管理员为广州子公司部署 DNS 服务，实现客户端基于域名访问公司各网站。广州子公司服务器的域名、IP 地址和服务器的映射关系如表 7-8 所示。

表 7-8　广州子公司服务器的域名、IP 地址和服务器的映射关系

服务器角色	计算机名称	IP 地址	域名	位置
委派 DNS 服务器	GZDNS	192.168.1.100/24	dns.gz.jan16.cn	广州子公司
文件服务器	FS	192.168.1.101/24	fs.gz.jan16.cn	广州子公司

如果公司在多个区域办公，本地部署的 DNS 服务器将提高本地客户端解析域名的速度；在子公司或分公司部署委派 DNS 服务器时，可以将子域的域名管理委托给下一级 DNS 服务器，有利于减轻主 DNS 服务器的负担，并给子域域名的管理带来便捷。委派 DNS 服务器常用于子公司或分公司的应用场景。

要想在广州子公司部署委派 DNS 服务器，可以通过以下步骤来完成。

（1）在北京总部主 DNS 服务器上创建委派区域 gz.jan16.cn。

（2）在广州子公司的委派 DNS 服务器上创建主要区域 gz.jan16.cn，并注册广州子公司服务器的域名。

（3）在广州子公司的委派 DNS 服务器上创建 jan16.cn 的辅助 DNS 服务。

（4）为广州区域客户端配置 DNS 地址。

▶ 任务实施

1. 在北京总部主 DNS 服务器上创建委派区域 gz.jan16.cn

（1）配置 DNS 服务器的主配置文件，将监听的 IP 地址网段和允许 DNS 服务器查询的客户端地址参数都设置为 any，注释 dnssec-enable yes、dnssec-validation yes、include "/etc/named.root.key" 这三个配置项。代码如下：

```
[root@DNS ~]# vim /etc/named.conf              // 编辑主配置文件
      listen-on port 53 { any; };  // 将 127.0.0.1 改为 any
      allow-query    { any; };      // 将 localhost 改为 any
//    dnssec-enable yes;                        // 将以下三行进行注释
//    dnssec-validation yes;
//    include "/etc/named.root.key";
```

（2）在区域配置文件内创建委派区域 gz.jan16.cn，新增 NS 记录，指定在当前区域内的 DNS 服务器。代码如下：

```
[root@DNS ~]# vim /var/named/jan16.cn.zone
$TTL 1D
@      IN SOA @ root.jan16.cn. (
                                    0       ; serial
                                    1D      ; refresh
                                    1H      ; retry
                                    1W      ; expire
                                    3H )    ; minimum
       NS      dns
gz     NS      dns.gz.jan16.cn.
dns    A       192.168.1.1
www    A       192.168.1.10
dns.gz A       192.168.1.100
```

（3）重启 DNS 服务，检查服务状态。代码如下：

```
[root@DNS ~]# systemctl restart named
```

2. 在广州子公司的委派 DNS 服务器内安装 DNS 服务并创建委派区域 gz.jan16.cn

（1）配置委派 DNS 服务器的 IP 地址，并指定默认的 DNS 服务器地址为 192.168.1.1，然后查看 resolv.conf 文件。代码如下：

```
[root@GZDNS ~]# nmcli connection modify ens34 ipv4.addresses 192.168.1.100/24
ipv4.dns 192.168.1.1 ipv4.method manual
[root@GZDNS ~]# nmcli connection up ens34
[root@GZDNS ~]# cat /etc/resolv.conf
# Generated by NetworkManager
search localdomain cn
nameserver 192.168.1.1
```

（2）在委派 DNS 服务器内安装 DNS 服务，使用【yum】命令对包进行下载和安装。需要安装的包为 bind、bind-chroot 和 bind-utils，下载完成后，使用【rpm】命令来查看是否已安装。代码如下：

```
[root@GZDNS ~]# yum -y install bind bind-chroot bind-utils

[root@GZDNS ~]# rpm -qa | grep bind
rpcbind-1.2.5-2.ky10.x86_64
bind-9.11.21-6.ky10.x86_64
bind-libs-9.11.21-6.ky10.x86_64
bind-libs-lite-9.11.21-6.ky10.x86_64
bind-utils-9.11.21-6.ky10.x86_64
keybinder3-0.3.2-8.ky10.x86_64
python3-bind-9.11.21-6.ky10.noarch
bind-export-libs-9.11.21-4.ky10.x86_64
bind-chroot-9.11.21-6.ky10.x86_64
```

（3）在 DNS 服务安装完成后，在委派 DNS 服务器上启动 DNS 服务，并设置为开机自动启动。代码如下：

```
[root@GZDNS ~]# systemctl start named
[root@GZDNS ~]# systemctl enable named
```

随后在委派 DNS 服务器上打开主配置文件进行全局配置，修改监听范围参数为 any，允许客户端访问参数修改为 any。代码如下：

```
[root@GZDNS ~]# vim /etc/named.conf
【... 省略显示部分内容 ...】
options {

        listen-on port 53 { any; };
        listen-on-v6 port 53 { ::1; };
        directory       "/var/named";
        dump-file       "/var/named/data/cache_dump.db";
        statistics-file "/var/named/data/named_stats.txt";
        memstatistics-file "/var/named/data/named_mem_stats.txt";
        secroots-file "/var/named/data/named.secroots";
        recursing-file "/var/named/data/named.recursing";
        allow-query     { any; };
```

（4）在委派 DNS 服务器的区域配置文件内的末行定义域名和该区域配置文件的名称，由于在主配置文件内已经定义了区域配置文件存放的位置，因此在定义之后，访问主配置文件时会自动查找区域配置文件。代码如下：

```
[root@GZDNS ~]# vim /etc/named.rfc1912.zones
zone "gz.jan16.cn" IN {
        type master;
        file "gz.jan16.cn.zone";
        allow-update { none; };
};
```

（5）复制正向区域文件 /var/named/named.localhost，修改名称为 gz.jan16.cn.zone，即刚才在区域配置文件内填写的文件名称。注意，由于区域配置文件的组是 root 所有，因此在复制时需要加参数 -p，以确保 named 用户可以访问该文件，确保服务能正常启动。代码如下：

```
[root@GZDNS ~]# cd /var/named/
[root@GZDNS named]# cp -p named.localhost gz.jan16.cn.zone
```

（6）修改 gz.jan16.cn.zone 文件内的参数。委派 DNS 服务器的域名为 dns.gz.jan16.cn，IP 地址为 192.168.1.100/24，文件服务器的域名为 fs.gz.jan16.cn，IP 地址为 192.168.1.101/24。代码如下：

```
[root@GZDNS ~]# vim /var/named/gz.jan16.cn.zone
$TTL 1D
@       IN SOA  @ gz.jan16.cn. (
                                0       ; serial
                                1D      ; refresh
                                1H      ; retry
                                1W      ; expire
                                3H )    ; minimum
        NS      dns.gz.jan16.cn.
dns     A       192.168.1.100
fs      A       192.168.1.101
```

（7）使用【named】命令检查配置文件是否正确。代码如下：

```
[root@GZDNS ~]# named-checkconf /etc/named.conf

[root@GZDNS ~]# named-checkconf /etc/named.rfc1912.zones

[root@GZDNS ~]# named-checkzone gz.jan16.cn /var/named/gz.jan16.cn.zone
zone gz.jan16.cn/IN: loaded serial 0
OK
```

（8）重启委派 DNS 服务器上的 DNS 服务，并检查服务状态。代码如下：

```
[root@GZDNS ~]# systemctl restart named
[root@GZDNS ~]# systemctl status named
```

3. 在广州子公司的委派 DNS 服务器上创建 jan16.cn 的辅助 DNS 服务

广州区域的客户端在解析北京总部的域名时，因距离远往往响应时间较长，考虑广州子公司本地部署了委派 DNS 服务器，通常 Linux 运维工程师会在广州子公司的委派 DNS 服务器上创建公司其他区域的辅助 DNS 服务，这样广州区域的客户端在解析其他区域的域名时，能有效地缩短域名解析时间。

在广州子公司的委派 DNS 服务器上创建北京总部 jan16.cn 区域的辅助 DNS 服务的步骤如下。

（1）由于在广州子公司的委派 DNS 服务器上进行辅助 DNS 服务的配置，因此不需要再安装 DNS 服务。

（2）修改广州子公司的委派 DNS 服务器的区域配置文件，在文件末行添加辅助区域，并且指定在主 DNS 服务器中复制过来的正向区域文件的存放位置，指定主 DNS 服务器的 IP 地址。代码如下：

```
[root@GZDNS ~]# vim /etc/named.rfc1912.zones
zone "jan16.cn" IN {
type slave;
file "slaves/jan16.cn.zone";
masters { 192.168.1.1; };
};
```

（3）在委派 DNS 服务器上使用【named】命令来检查配置文件的配置是否正确。代码如下：

```
[root@GZDNS ~]# named-checkconf /etc/named.rfc1912.zones
```

（4）重启 DNS 服务，并检查服务的状态。代码如下：

```
[root@GZDNS ~]# systemctl restart named
[root@GZDNS ~]# systemctl status named
```

4. 为广州区域客户端配置 DNS 地址

广州子公司和北京总部均部署了 DNS 地址，原则上，广州区域的客户端可以通过任意一个 DNS 服务器来解析域名，但为了减少域名解析的响应时间，为客户端设置 DNS 地址时，将考虑以下因素。

（1）依据就近原则，首选 DNS 地址指向最近的 DNS 服务器。

（2）依据备份原则，备选 DNS 地址指向企业的根域 DNS 服务器。

因此，广州区域的客户端需要将首选 DNS 地址指向广州子公司 DNS 服务器的 IP 地址，备选 DNS 地址指向北京总部 DNS 服务器的 IP 地址。

▶ 任务验证

1. 测试 DNS 服务是否安装成功

在委派 DNS 服务器上检查服务监听的端口是否正常启动。代码如下：

```
[root@GZDNS ~]# ss -tnl | grep 53
LISTEN   0      10       192.168.1.100:53        0.0.0.0:*
LISTEN   0      10       127.0.0.1:53            0.0.0.0:*
LISTEN   0      128      127.0.0.1:953           0.0.0.0:*
LISTEN   0      10       [::1]:53                [::]:*
LISTEN   0      128      [::1]:953               [::]:*
```

2. 广州子公司 DNS 域名解析的测试

（1）在广州区域客户端 PC2 上使用【ping】命令进行测试，若域名对应 IP 地址的主机存在，并且域名解析正确，则结果为可以 ping 通。代码如下：

```
[root@PC2 ~]# ping dns.gz.jan16.cn
PING dns.gz.jan16.cn (192.168.1.100) 56(84) bytes of data.
64 bytes from 192.168.1.100 (192.168.1.100): icmp_seq=1 ttl=64 time=0.393 ms
64 bytes from 192.168.1.100 (192.168.1.100): icmp_seq=2 ttl=64 time=0.500 ms
64 bytes from 192.168.1.100 (192.168.1.100): icmp_seq=3 ttl=64 time=0.462 ms

[root@PC2 ~]#  ping fs.gz.jan16.cn
PING fs.gz.jan16.cn (192.168.1.101) 56(84) bytes of data.
64 bytes from 192.168.1.101 (192.168.1.101): icmp_seq=1 ttl=64 time=0.548 ms
64 bytes from 192.168.1.101 (192.168.1.101): icmp_seq=2 ttl=64 time=0.433 ms
64 bytes from 192.168.1.101 (192.168.1.101): icmp_seq=3 ttl=64 time=0.497 ms
```

（2）在广州区域客户端 PC2 上使用【nslookup】测试命令，在终端窗口中，执行【nslookup dns.gz.jan16.cn】命令，从命令返回结果可以看出，DNS 服务器解析 dns.gz.jan16.cn 对应的 IP 地址为 192.168.1.100。DNS 服务器解析 fs.gz.jan16.cn 对应的 IP 地址为 192.168.1.101。代码如下：

```
[root@PC2 ~]# nslookup dns.gz.jan16.cn
Server:         192.168.1.100
Address:        192.168.1.100#53

Name:   dns.gz.jan16.cn
Address: 192.168.1.100

[root@PC2 ~]# nslookup fs.gz.jan16.cn
Server:         192.168.1.100
Address:        192.168.1.100#53

Name:   fs.gz.jan16.cn
Address: 192.168.1.101
```

3. 委派 DNS 服务的测试

（1）在北京总部客户端 PC1 上使用【nslookup】测试命令，在终端窗口中，执行【nslookup fs.gz.jan16.cn】和【nslookup dns.gz.jan16.cn】命令。DNS 服务器解析 fs.gz.jan16.cn 对应的 IP 地址为 192.168.1.101。DNS 服务器解析 dns.gz.jan16.cn 对应的 IP 地址为

192.168.1.100。代码如下：

```
[root@PC1 ~]# nslookup fs.gz.jan16.cn
Server:        192.168.1.1
Address:       192.168.1.1#53


Non-authoritative answer:
Name:  fs.gz.jan16.cn
Address: 192.168.1.101

[root@PC1 ~]# nslookup dns.gz.jan16.cn
Server:        192.168.1.1
Address:       192.168.1.1#53


Non-authoritative answer:
Name:  dns.gz.jan16.cn
Address: 192.168.1.100
```

在解析后，可以看到提示信息显示的非权威回答，证明委派 DNS 服务配置已经成功，解析是由委派 DNS 服务器进行回答的。

（2）验证辅助 DNS 服务器的配置结果，在委派 DNS 服务器内切换到 /var/named/slaves 目录下，查看是否从主 DNS 服务器中将 jan16.cn.zone 文件成功复制到本地对应的目录下，代码如下：

```
[root@GZDNS ~]# cd /var/named/slaves/
[root@GZDNS slaves]# ll
total 4
-rw-r--r--. 1 named named 320 Jul 30 02:37 jan16.cn.zone
```

扫一扫，
看微课

任务 7-3　实现香港
办事处辅助 DNS
服务器的部署

任务 7-3　实现香港办事处辅助 DNS 服务器的部署

▶ 任务规划

香港办事处为加快计算机域名的解析速度，已在香港准备了一台安装有 Kylin 系统的服务器，用于部署公司的辅助 DNS 服务器，公司网络拓扑如图 7-6 所示。

要想实现香港办事处能通过本地域名解析以快速访问公司资源，这要求香港办事处的 DNS 服务器必须拥有全公司所有的域名数据。公司的域名数据存储在北京和广州两台 DNS 服务器中，因此香港辅助 DNS 服务器必须复制北京和广州两台 DNS 服务器的数据，才能实现香港办事处计算机域名的快速解析，提高对公司网络资源访问的效率。

要在香港办事处部署辅助 DNS 服务器，可以通过以下步骤来完成。

（1）配置香港办事处辅助 DNS 服务器的 IP 地址。

（2）配置 DNS 服务的角色与功能。

（3）在香港办事处的辅助 DNS 服务器上创建北京总部和广州子公司的 DNS 辅助区域。

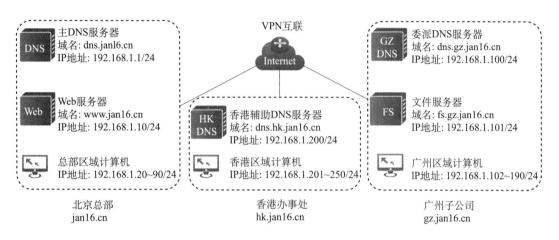

图 7-6　公司网络拓扑

▶ 任务实施

1. 配置辅助 DNS 服务器的 IP 地址

使用【nmcli】命令配置辅助 DNS 服务器的 IP 地址为 192.168.1.200/24。并查看 IP 地址是否配置正确。代码如下：

```
[root@HKDNS ~]# nmcli connection modify ens34 ipv4.addresses 192.168.1.200/24
ipv4.method manual
[root@HKDNS ~]# nmcli connection up ens34

[root@HKDNS ~]# ip address show ens34
3: ens34: <BROADCAST,MULTICAST,UP,LOWER_UP> mtu 1500 qdisc fq_codel state UP
group default qlen 1000
    link/ether 00:0c:29:0e:3e:0f brd ff:ff:ff:ff:ff:ff
    inet 192.168.1.200/24 brd 192.168.1.255 scope global noprefixroute ens34
       valid_lft forever preferred_lft forever
    inet6 fe80::def2:30a3:773f:4c3c/64 scope link noprefixroute
       valid_lft forever preferred_lft forever
```

2. 配置 DNS 服务的角色与功能

（1）安装 DNS 服务，使用【yum】命令进行包的下载、安装。需要安装的包为 bind、bind-chroot 和 bind-utils，下载完成后，使用【rpm】命令查看是否已安装成功。代码如下：

```
[root@HKDNS ~]# yum -y install bind bind-chroot bind-utils

[root@HKDNS ~]# rpm -qa | grep bind
rpcbind-1.2.5-2.ky10.x86_64
bind-9.11.21-6.ky10.x86_64
bind-libs-9.11.21-6.ky10.x86_64
bind-libs-lite-9.11.21-6.ky10.x86_64
bind-utils-9.11.21-6.ky10.x86_64
keybinder3-0.3.2-8.ky10.x86_64
python3-bind-9.11.21-6.ky10.noarch
bind-export-libs-9.11.21-4.ky10.x86_64
bind-chroot-9.11.21-6.ky10.x86_64
```

（2）服务安装完成后，在香港辅助 DNS 服务器上启动服务并设置为开机自动启动，最后检查服务的状态。代码如下：

```
[root@HKDNS ~]# systemctl start named
[root@HKDNS ~]# systemctl enable named
[root@HKDNS ~]# systemctl status named
```

3. 在香港办事处的辅助 DNS 服务器上创建北京总部和广州子公司的 DNS 辅助区域

（1）在香港辅助 DNS 服务器上配置 DNS 主配置文件，将监听的 IP 地址网段允许 DNS 服务器查询的客户端地址参数都设置为 any，并注释 dnssec-enable yes、dnssec-validation yes、include "/etc/named.root.key" 这三个选项。代码如下：

```
[root@HKDNS ~]# vim /etc/named.conf          // 编辑主配置文件
【... 省略部分内容 ...】
        listen-on port 53 { any; };  // 将 127.0.0.1 改为 any
【... 省略部分内容 ...】
        allow-query    { any; };       // 将 localhost 改为 any
【... 省略部分内容 ...】
//      dnssec-enable yes;                    // 将以下三行进行注释
//      dnssec-validation yes;
//      include "/etc/named.root.key";
```

（2）修改香港办事处的辅助 DNS 服务器的区域配置文件，在文件末行添加辅助区域，并且分别指定在主 DNS 服务器和委派 DNS 服务器中复制过来的正向区域文件的存放位置，以及分别指定主 DNS 服务器和委派 DNS 服务器的 IP 地址。代码如下：

```
[root@HKDNS ~]# vim /etc/named.rfc1912.zones
zone "jan16.cn" IN {
        type slave;
        file "slaves/jan16.cn.zone";
        masters { 192.168.1.1; };
};

zone "gz.jan16.cn" IN {
        type slave;
        file "slaves/gz.jan16.cn.zone";
        masters { 192.168.1.100; };
};
```

（3）完成配置后，在香港办事处的辅助 DNS 服务器上检查配置文件语法是否有误，并重启 DNS 服务，查看服务状态。代码如下：

```
[root@HKDNS ~]# named-checkconf /etc/named.rfc1912.zones
```

```
[root@HKDNS ~]# systemctl restart named
[root@HKDNS ~]# systemctl status named
```

▶ 任务验证

（1）查看香港办事处的辅助 DNS 服务器 /var/name/slaves 目录下是否成功复制了主 DNS 服务器和委派 DNS 服务器的区域配置文件。代码如下：

```
[root@HKDNS ~]# cd /var/named/slaves/
[root@HKDNS slaves]# ll
总用量 8
-rw-r--r-- 1 named named 244 12 月 23 09:33 gz.jan16.cn.zone
-rw-r--r-- 1 named named 289 12 月 23 09:33 jan16.cn.zone
```

（2）验证香港办事处的辅助 DNS 服务器上北京总部的 DNS 辅助区域是否正确。将香港办事处客户端 PC3 的首选 DNS 服务器地址指向香港办事处的辅助 DNS 服务器的 IP 地址，通过【nslookup】命令，可以解析到 Web 服务器的地址。代码如下：

```
[root@PC3 ~]# nmcli connection modify ens34 ipv4.dns 192.168.1.200
[root@PC3 ~]# nmcli connection up ens34

[root@PC3 ~]# cat /etc/resolv.conf
# Generated by NetworkManager
nameserver 192.168.1.200

[root@PC3 ~]# nslookup www.jan16.cn
Server:        192.168.1.200
Address:       192.168.1.200#53

Name:   www.jan16.cn
Address: 192.168.1.10
```

（3）验证香港办事处的辅助 DNS 服务器上广州子公司的 DNS 辅助区域是否正确。将香港办事处客户端 PC3 的首选 DNS 服务器地址指向香港办事处的 DNS 服务器的 IP 地址，通过【nslookup】命令，可以解析到文件服务器的地址。代码如下：

```
[root@PC3 ~]# nmcli connection modify ens34 ipv4.dns 192.168.1.200
[root@PC3 ~]# nmcli connection up ens34

[root@PC3 ~]# cat /etc/resolv.conf
# Generated by NetworkManager
nameserver 192.168.1.200

[root@PC3 ~]# nslookup fs.gz.jan16.cn
Server:        192.168.1.200
Address:       192.168.1.200#53

Name:   fs.gz.jan16.cn
Address: 192.168.1.101
```

任务 7-4　DNS 服务器的管理

扫一扫，
看微课

任务 7-4　DNS 服务器
的管理

▶ 任务规划

公司使用 DNS 服务器一段时间后，有效提高了公司计算机和服务器的访问效率，并将 DNS 服务作为基础服务纳入日常管理。公司希望能定期对 DNS 服务器进行有效地管理与维护，以保障 DNS 服务器稳定运行。

通过对 DNS 服务器实施递归管理、地址清理、备份等操作可以实现 DNS 服务器的高效运行，常见的工作任务有以下几个方面。

（1）启动和停止 DNS 服务器。

（2）设置 DNS 服务器的工作 IP 地址。

（3）配置 DNS 服务器的递归查询。

（4）DNS 服务的备份。

► 任务实施

1. 启动或停止 DNS 服务器，查看 DNS 服务状态

使用【systemctl】命令启动并查看 DNS 服务状态。代码如下：

```
[root@DNS ~]# systemctl stop named      ## 停止 DNS 服务
[root@DNS ~]# systemctl start named     ## 启动 DNS 服务
[root@DNS ~]# systemctl status named    ## 查看 DNS 服务状态
```

2. 设置 DNS 服务器的工作 IP 地址

若 DNS 服务器本身拥有多个 IP 地址，则 DNS 服务器可以工作在多个 IP 地址中。考虑以下原因，通常 DNS 服务器都会指定其工作 IP 地址。

（1）为方便客户端配置 DNS 服务器对应的 IP 地址，仅提供一个固定的 DNS 服务器工作 IP 地址作为客户端的 DNS 地址。

（2）考虑安全问题，DNS 服务器通常仅开放其中一个 IP 地址对外提供服务。

设置 DNS 服务器的工作 IP 地址，可以通过在 DNS 服务器的主配置文件中限制 DNS 服务器只监听选定的 IP 地址来实现，具体操作过程如下所述。

在 DNS 服务的主配置文件中修改 listen-on port 选项，端口号不需要修改，只需要修改后面的地址。地址默认为 127.0.0.1，从这个回环地址上是监听不到任何客户端请求的，因而这里需要改成 DNS 服务器的静态 IP 地址，如 listen-on port 53 {192.168.1.1; }。代码如下：

```
[root@DNS ~]# vim /etc/named.conf
【... 省略部分内容 ...】
options {
        listen-on port 53 { 192.168.1.1; };
        listen-on-v6 port 53 { ::1; };
        directory        "/var/named";
        dump-file        "/var/named/data/cache_dump.db";
        statistics-file "/var/named/data/named_stats.txt";
        memstatistics-file "/var/named/data/named_mem_stats.txt";
        secroots-file    "/var/named/data/named.secroots";
```

```
        recursing-file  "/var/named/data/named.recursing";
        allow-query     { localhost; };
【... 省略部分内容 ...】
```

3. 配置 DNS 的递归查询

递归查询是指 DNS 服务器在收到一个本地数据库不存在的域名解析请求时，该 DNS 服务器会根据 /etc 目录下的 named.conf 配置文件中定义的转发器选项，选择指向的 DNS 服务器代为查询该域名，待获得域名解析结果后再将该解析结果转发给发起解析请求的 DNS 客户端。在此操作过程中，DNS 客户端并不知道 DNS 服务器执行了递归查询。

在默认情况下，DNS 服务器都启用了递归查询功能。如果 DNS 服务器收到大量本地不能解析的域名请求时，就会相应产生大量的递归查询，这样会占用服务器大量的资源。基于此原理，网络攻击者可以使用递归功能实现【拒绝 DNS 服务器服务】攻击。

因此，若网络中的 DNS 服务器不准备接收递归查询时，则应在该 DNS 服务器上禁用递归查询功能。关闭 DNS 服务器的递归查询功能的步骤如下所述。

修改 DNS 服务器内的 recursion 选项，该选项默认为 yes，即允许递归查询，将 yes 修改成 no 即可。代码如下：

```
[root@DNS ~]# vim /etc/named.conf
【... 省略部分内容 ...】
/*
- If you are building an AUTHORITATIVE DNS server, do NOT enable recursion.
- If you are building a RECURSIVE (caching) DNS server, you need to enable
recursion.
 - If your recursive DNS server has a public IP address, you MUST enable access
control to limit queries to your legitimate users. Failing to do so will cause
your server to become part of large scale DNS amplification attacks. Implementing
BCP38 within your network would greatly reduce such attack surface
*/
        recursion no;
【... 省略部分内容 ...】
```

4. DNS 服务的备份

管理员想要备份 DNS 服务，需要将这些文件导出并备份到指定位置。对 DNS 服务进行备份的步骤如下所述。

创建定时任务，计划为每逢星期天对 DNS 服务的三个主要配置文件进行备份，备份时文件名后添加当前的时间，备份文件存储的位置在 /backup/dns 目录下。代码如下：

```
[root@DNS named]# crontab -e
* * * * 0 /usr/bin/mkdir -p /backup/dns/$(date +\%Y\%m\%d)
* * * * 0 /usr/bin/cp -a /etc/named.conf /etc/named.rfc1912.zones /var/named/*.
zone /backup/dns/$(date +\%Y\%m\%d)

[root@DNS named]# crontab -l
* * * * 0 /usr/bin/mkdir -p /backup/dns/$(date +\%Y\%m\%d)
* * * * 0 /usr/bin/cp -a /etc/named.conf /etc/named.rfc1912.zones /var/named/*.
zone /backup/dns/$(date +\%Y\%m\%d)
```

练 习 与 实 践

一、理论习题

1. DNS 服务的主配置文件是（　　　　）

A. /etc/named.conf

B. /etc/named

C. /var/named

D. /var/named/slaves

2. Kylin 系统的 DNS 功能是通过（　　　　）服务实现的。

A. host　　　　　B. hosts　　　　　C. bind　　　　　D. vsftpd

3. 在 Linux 中，可以完成主机名与 IP 地址的正向解析和反向解析任务的命令是（　　　　）。

A. nslookup　　　B. arp　　　　　C. ipconfig　　　　D. dnslook

4. DNS 服务的端口号为（　　　　）。

A. 53　　　　　　B. 81　　　　　　C. 67　　　　　　D. 21

5. DNS 服务的区域配置文件为（　　　　）。

A. /etc/named.rfc1912.zones

B. /etc/named.root.key

C. /etc/named.conf

D. /etc/named/

6. 将计算机的 IP 地址解析为域名的过程，称为（　　　　）。

A. 正向解析　　　B. 反向解析　　　C. 向上解析　　　D. 向下解析

7. 根据 DNS 服务器对 DNS 客户端的不同响应方式，域名解析可分为哪两种类型？（　　　　）

A. 递归查询和迭代查询

B. 递归查询和重叠查询

C. 迭代查询和重叠查询

D. 正向查询和反向查询

8. 在客户端向 DNS 服务器发出解析请求时，DNS 服务器会向客户端返回两种结果：查询到的结果或查询失败。如果当前 DNS 服务器无法解析名称，它不会告知客户端，而是自行向其他 DNS 服务器查询并完成解析。这个过程称为（　　　）。

　　A. 递归查询　　　　B. 迭代查询　　　　C. 正向查询　　　　D. 反向查询

二、项目实训题

1. 项目背景

　　Jan161 公司需要部署信息中心、生产部和业务部的域名系统。根据公司的网络规划，划分三个网段，网络地址分别为：172.20.0.0/24、172.21.0.0/24 和 172.22.0.0/24。Jan161 公司的网络拓扑如图 7-7 所示。

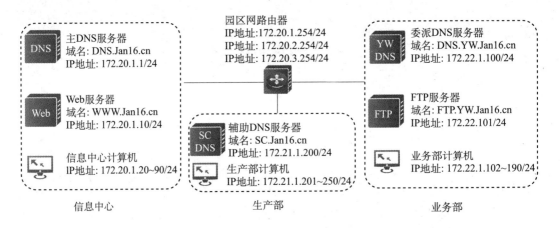

图 7-7　Jan161 公司的网络拓扑

　　公司根据业务需要，在园区的各个部门部署了相应的服务器，要求管理员按以下要求完成部署与调试工作。

　　（1）信息中心部署了公司的主 DNS 服务器和 Web 服务器，服务器的域名、IP 地址和服务器的映射关系如表 7-9 所示。

表 7-9　信息中心服务器的域名、IP 地址和服务器的映射关系表

服务器角色	计算机名称	IP 地址	域名	位置
主 DNS 服务器	DNS	172.20.1.1/24	DNS.Jan16.cn	信息中心
Web 服务器	Web	172.20.1.10/24	WWW.Jan16.cn	信息中心

　　（2）业务部部署了公司的委派 DNS 服务器和公司的 FTP 服务器，服务器的域名、IP 地址和服务器的映射关系如表 7-10 所示。

表 7-10　业务部服务器的域名、IP 地址和服务器的映射关系表

服务器角色	计算机名称	IP 地址	域名	位置
委派 DNS 服务器	YWDNS	172.22.1.100/24	DNS.YW.Jan16.cn	业务部
FTP 服务器	FTP	172.22.1.101/24	FTP.YW.Jan16.cn	业务部

（3）生产部部署了公司的辅助 DNS 服务器，其域名、IP 地址和服务器的映射关系如表 7-11 所示。

表 7-11 生产部服务器的域名、IP 地址和服务器的映射关系表

服务器角色	计算机名称	IP 地址	域名	位置
辅助 DNS 服务器	SCDNS	172.21.1.200/24	SC.Jan16.cn	生产部

为保证 DNS 服务器的数据安全，仅允许公司内部 DNS 服务器之间复制数据。

2. 项目要求

根据上述任务要求，配置各个服务器的 IP 地址，并测试全网的连通性，配置完毕后，完成以下测试工作。

（1）在信息中心的客户端上截取如下测试结果。

①在 Shell 窗口中执行【 ip address show 】命令的结果。

②在 Shell 窗口中执行【 ping SC.Jan16.cn 】命令的结果。

③在主 DNS 服务器上查看 DNS 服务主配置文件 name.conf 的配置信息结果。

④在主 DNS 服务器上查看 DNS 服务正向区域文件 Jan16.cn.zone 的配置信息结果。

⑤在主 DNS 服务器上查看 DNS 服务区域配置文件 named.rfc1912.zones 的配置信息结果。

（2）在生产部的客户端上截取如下测试结果。

①在 Shell 窗口中执行【 ip address show 】命令的结果。

②在 Shell 窗口中执行【 ping FTP.YW.Jan16.cn 】命令的结果。

③在辅助 DNS 服务器上查看 DNS 服务区域配置文件 named.rfc1912.zones 的配置信息结果。

（3）在业务部的客户端上截取如下测试结果。

①在 Shell 窗口中执行【 ip address show 】命令的结果。

②在 Shell 窗口中执行【 ping WWW.Jan16.cn 】命令的结果。

③在委派 DNS 服务器上查看 DNS 服务区域配置文件的配置信息结果。

项目 8 部署企业的 Web 服务

[学习目标]

（1）了解 Apache、Web、URL 的概念与相关知识。

（2）掌握 Web 服务的工作原理与应用。

（3）了解静态网站的发布与应用。

（4）掌握基于端口号、域名和 IP 地址等多种技术实现多站点发布的概念与应用。

（5）掌握企业网主流 Web 服务的部署业务实施流程。

项目描述

某公司有门户网站、人事管理系统和项目管理系统等。之前，这些系统全部由原系统开发商托管管理，随着公司规模的扩大和业务发展，考虑以上系统的访问效率和数据安全，该公司计划由信息中心负责将门户网站、人事管理系统和项目管理系统等部署到公司内网中。公司要求信息中心尽快将这些系统部署在新购置的一台安装了 Kylin 系统的服务器上，具体要求如下所述。

（1）公司门户网站为一个静态网站，访问地址为 192.168.1.1。

（2）公司人事管理系统为基于端口的站点，访问地址为 192.168.1.1:8080。

（3）公司项目管理系统为基于域名的站点，访问地址为 xiangmu.jan16.cn。

公司网络拓扑如图 8-1 所示。

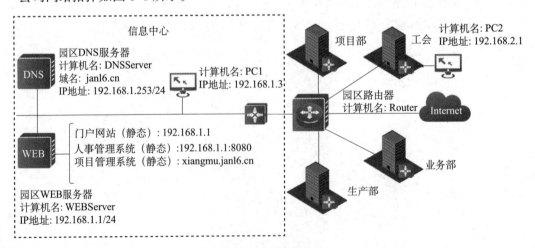

图 8-1 公司网络拓扑

公司 Web 站点的要求如表 8-1 所示。

表 8-1　公司 Web 站点的要求

计算机名	IP 地址	站点域名	默认站点目录	端口	用途
WEBServer	192.168.1.1	\	/var/www/html/	80	门户网站
	192.168.1.1	\	/var/www/8080	8080	人事管理系统
	192.168.1.1	xiangmu.jan16.cn	/var/www/xiangmu	80	项目管理系统

项目分析

通过在 Kylin 系统上安装 Apache 服务，可以实现 HTML 常见静态或动态网站的发布与管理。根据项目描述，具体可以通过以下工作任务来完成。

（1）部署企业的门户网站（HTML），实现基于 Apache 服务的静态网站的发布。

（2）基于端口部署人事管理系统站点。

（3）基于域名部署项目管理系统站点。

相关知识

8.1　Web 服务简介

Web 是 Internet 中被广泛应用的一种信息服务技术。Web 采用的是客户端 / 服务器模式，整理和存储各种 Web 资源，并响应客户端软件的请求，把所需的信息资源通过浏览器传送给客户端。

Web 服务通常分为两种：静态 Web 服务和动态 Web 服务。

目前，常用的动态网页语言有 ASP/ASP.net(Active Server Pages)、JSP(JavaServer Pages) 和 PHP (Hypertext Preprocessor) 三种。

ASP/ASP.net 是由微软公司开发的基于 Web 服务器开发环境的语言，利用它可以产生和执行动态的、互动的、高性能的 Web 服务应用程序。

JSP 是 Sun 公司推出的网站开发语言，它可以在 ServerLet 和 JavaBean 的支持下，完成功能强大的 Web 站点程序的开发。

PHP 是一种开源的服务器脚本语言。它大量地借用 C、Java 和 Perl 等语言的语法，并耦合 PHP 自己的特性，使 Web 开发者能够快速地开发出动态页面。

Linux 支持 PHP 和 JSP 站点，PHP 和 JSP 站点的发布需要安装 PHP 和 JSP 的服务安装包。而 ASP 站点一般部署在 Windows 服务器上。

8.2 URL 的概念

URL（Uniform Resource Locator，统一资源定位符）也称网页地址，用于标识 Internet 资源的地址，其标准格式如下：

协议类型 :// 主机名 [: 端口号] / 路径 / 文件名

URL 由协议类型、主机名和端口号等信息构成，各模块内容简要描述如下。

1．协议类型

协议类型用于标识资源的访问协议类型，常见的协议类型包括 HTTP、HTTPS、FTP、Telnet 等。

2. 主机名

主机名用于标识资源的名字，它可以是域名或 IP 地址。例如，http:// jan16.cn/index. ASP 的主机名为 jan16.cn。

3. 端口号

端口号用于标识目标服务器的访问端口号，端口号为可选项。若没有填写端口号，则表示采用协议默认的端口号，如 HTTP 协议默认的端口号为 80，FTP 协议默认的端口号为 21。例如，http://www.jan16.cn 和 http://www.jan16.cn:80 两者的效果是相同的，因为 80 是 HTTP 服务的默认端口号。再如，http://www.jan16.cn:8080 和 http://www.jan16.cn 两者的效果是不同的，因为两个服务的端口号不同。

4. 路径 / 文件名

路径 / 文件名用于指明服务器上某资源的位置（其格式通常由【目录 / 子目录 / 文件名】这样的结构组成）。

8.3 Web 服务器工作原理

（1）用户通过浏览器访问网页，浏览器获取访问网页的事件。

（2）客户端与浏览器建立 TCP 连接。

（3）浏览器将用户的事件按照 HTTP 协议格式打包为一个压缩包，其本质为在待发送缓冲区中加入一段 HTTP 协议格式的字节流。

（4）在成功建立 TCP 连接后，浏览器将数据报推送到网络中，最终递交给 Web 服务器。

（5）Web 服务器接收到数据报后，以同样的格式进行解析，从而得出客户端所需要的资源，最后 Web 服务器进行分类处理，或者提供某一文件，或者处理相关数据。

（6）将结果装入缓冲区，按照 HTTP 协议格式对数据进行打包，并向客户端发送应答，最终数据包递交给客户端。

（7）客户端接收到数据报后，以 HTTP 协议格式进行解包并解析数据，最后在浏览器中展示结果。

Web 服务器的本质就是接收数据、HTTP 解析、逻辑处理、HTTP 封包和发送数据。Web 服务器的工作原理如图 8-2 所示。

图 8-2　Web 服务器的工作原理

8.4　Apache 简介

Apache HTTP Server（简称 Apache 或 httpd）是 Apache 软件基金会的一个开放源代码的网页服务器软件，旨在为 UNIX、Windows 等系统提供开源 httpd 服务。由于 Apache 的安全性、高效性及可扩展性，因此被广泛使用。Apache 快速、可靠，并且可通过简单的 API 扩充，将 Perl/Python 解释器等编译到 httpd 服务的相关模块中。

Apache 支持许多特性，大部分通过编译的模块实现，这些特性包括服务器的编程语言、身份认证方案等。通用的语言接口支持 Perl、Python、Tcl 和 PHP；流行的认证模块包括 mod_access、mod_auth 和 mod_digest；其他的有 SSL 和 TLS 支持（mod_ssl），代理服务器（proxy）模块，URL 重写（由 mod_rewrite 实现），定制日志文件（mod_log_config），以及过滤支持（mod_include 和 mod_ext_filter）等。

Apache 有如下特点：

（1）支持最新的 HTTP/1.1 通信协议。Apache 服务器是最先使用 HTTP/1.1 通信协议的 Web 服务器之一，它完全兼容 HTTP/1.1 通信协议并与 HTTP/1.0 通信协议向后兼容。

（2）Apache 几乎可以在所有的操作系统上运行，包括主流的 UNIX、Linux 及 Windows。

（3）支持多种方式的 HTTP 认证。

（4）支持 Web 目录修改。用户可以使用特定的目录作为 Web 目录。

（5）Apache 支持虚拟主机。Apache 支持基于 IP 地址、主机名和端口号三种类型的虚拟主机服务。

（6）支持多进程。当负载增加时，服务器会快速生成子进程来处理，从而提高系统的响应能力。

8.5　Apache 常用文件及参数解析

Apache 被广泛应用于计算机平台上，是十分流行的 Web 服务器软件之一，Apache 的 httpd 服务程序的主要配置文件及存放位置如表 8-2 所示。

表 8-2　httpd 服务程序的主要配置文件及存放位置

配置文件名称	路　径
服务目录	/etc/httpd
主配置文件	/etc/httpd/conf/httpd.conf
默认站点主目录	/var/www/html
访问日志	/var/log/httpd/access_log
错误日志	/var/log/httpd/error_log

Apache 服务器的全部配置信息都存储在主配置文件 http.conf 中。httpd.conf 文件不区分大小写，文件内绝大部分内容都是以 # 开头的注释。文件包括以下三部分。

（1）Global Environment：全局环境配置，决定 Apache 服务的全局参数。

（2）Main Server Configuration：主服务器配置，相当于 Apache 服务中的默认站点。

（3）Virtual Host：虚拟主机，可以在一台主机上虚拟出多个站点。

httpd.conf 文件中的常用参数及解析如表 8-3 所示。

表 8-3　httpd.conf 文件中的常用参数及解析

常用参数	解　析
ServerRoot	Apache 服务运行目录
Listen	监听的端口
User	运行服务的用户
Group	运行服务的组
ServerAdmin	管理员邮箱
DocumentRoot	网站根目录
<Directory /PATH> options </Directory>	用于封装指定目录和各自目录下的文件指令

（续表）

常用参数	解析
ErrorLog	错误日志
LogLevel	警告级别
CustomLog	默认访问日志格式
DirectoryIndex	默认的索引文件
Timeout	网页超时时间
Serveralias	网站别名

对于 Apache 目录的访问权限可以在 httpd.conf 文件的 Directory 容器中进行设置，容器语句需要成对出现。在容器内有 Options、AllowOverride、Limit 等选项进行访问控制，常见的 Apache 目录访问控制选项及解析如表 8-4 所示。

表 8-4　常见的 Apache 目录访问控制选项及解析

访问控制选项	解析
Options	设置特定目录中的服务器特性，具体参数选项的取值如表 8-5 所示
AllowOverride	设置访问控制文件 .htaccess
Order	设置 Apache 默认的访问权限及 Allow、Deny 语句的处理顺序
Allow	设置允许访问 Apache 服务的主机
Deny	设置拒绝访问 Apache 服务的主机

Options 选项的参数及解析如表 8-5 所示。

表 8-5　Options 选项的参数及解析

参数	解析
Indexes	允许目录浏览，当访问的目录中没有 DirectoryIndex 参数指定的网页文件时，会列出目录中的目录清单
Multiviews	允许内容协商的多重视图
All	支持除了 Multiviews 的所有选项，如果没有 Options 语句，默认为 All
ExecCGI	允许在该目录下执行 CGI 脚本
FollowSysmLinks	可以允许在该目录下使用符号链接，以访问其他目录
Includes	允许服务器使用 SSL 技术
IncludesNoExec	允许服务器使用 SSL 技术，但禁止执行 CGI 脚本
SysmLinksIfOwnerMatch	目录文件与目录属于同一用户时支持符号链接

任务 8-1　部署企业的门户网站（HTML）

▶ 任务规划

公司门户网站是一个采用静态网页设计技术设计的网站，信息中心 Linux 运维工程师小锐已经收到该网站的所有数据，并要求在一台 Kylin 系统服务器上部署该站点，根据前期规划，公司门户网站的访问地址为 192.168.1.1。在服务器上部署静态网站，可以通过以下步骤来完成。

（1）安装 Apache 服务的角色和功能。

（2）通过 Apache 服务来发布静态网站。

（3）启动 Apache 服务。

▶ 任务实施

1. 安装 Apache 服务的角色和功能

（1）使用【yum】命令安装 Apache 的 httpd 服务。代码如下：

```
[root@WEBServer ~]# yum -y install httpd
```

（2）在 Apache 的 httpd 服务安装完成后，使用【rpm】命令查找 Apache 相关的软件包。代码如下：

```
[root@WEBServer ~]# rpm -qa | grep httpd
httpd-filesystem-2.4.43-8.p01.ky10.noarch
httpd-2.4.43-8.p01.ky10.x86_64
httpd-tools-2.4.43-8.p01.ky10.x86_64
```

2. 通过 Apache 服务来发布静态网站

通过【vim】命令在 /var/www/html 目录下创建名为 index.html 的文件，并在文件内写入【这是 Jan16 公司门户网站的测试页面】。代码如下：

```
[root@WEBServer ~]# vim /var/www/html/index.html
这是 Jan16 公司门户网站的测试页面
```

3. 启动 Apache 服务

通过【systemctl】命令启动 Apache 的相关服务，并设置 Apache 的服务为开机自动启动。代码如下：

```
[root@WEBServer ~]# systemctl restart httpd
[root@WEBServer ~]# systemctl enable httpd
```

▶ 任务验证

（1）通过【ss】命令查看 httpd 服务所监听的端口情况。代码如下：

```
[root@WEBServer ~]# ss -lnt | grep 80
LISTEN    0    511                *:80                  *:*
```

（2）切换到公司客户端 PC1，并修改 IP 地址为 192.168.1.3/24。代码如下：

```
[root@PC1 ~]# nmcli connection modify ens34 ipv4.addresses 192.168.1.3/24 ipv4.
method manual
[root@PC1 ~]# nmcli connection up ens34
```

（3）在公司客户端 PC1 上使用浏览器访问地址 192.168.1.1，结果显示公司的门户网站能正常访问，如图 8-3 所示。

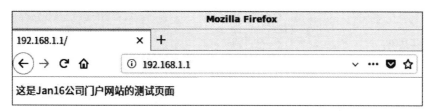

图 8-3　在浏览器上基于 IP 地址访问公司的门户网站

任务 8-2　基于端口部署人事管理系统站点

扫一扫，看微课

任务 8-2　基于端口部署人事管理系统站点

▶ 任务规划

由于公司的门户网站已经占用了服务器的 80 端口，因此在建设公司人事管理系统站点时，如果使用同样端口就会报错，根据前期规划，本任务需要基于 8080 端口来部署公司人事管理系统的站点。在 Linux 中主要使用虚拟主机的方式进行多站点的部署。本任务可以通过以下步骤来完成。

（1）配置 Apache 服务的配置文件，实现基于不同端口的站点发布。

（2）配置站点测试页面。

（3）重新启动 Apache 服务。

▶ 任务实施

1. 配置 Apache 服务的配置文件

修改 Apache 服务的主配置文件，在原文件基础上增加监听端口和虚拟主机的设置。代码如下：

```
[root@WEBServer ~]# vim /etc/httpd/conf/httpd.conf
## 在文件末尾增加如下内容后保存退出
Listen 8080                      ## 设置 Apache 服务的监听端口
<VirtualHost 192.168.1.1:8080>   ## 设置虚拟主机站点为 192.168.1.1：8080
  DocumentRoot "/var/www/8080"   ## 设置虚拟主机站点对应的根目录
  ServerName 192.168.1.1:8080    ## 设置虚拟主机站点的服务器名称
</VirtualHost>
```

2. 配置站点测试页面

（1）创建虚拟主机站点对应的根目录。代码如下：

```
[root@WEBServer ~]# mkdir /var/www/8080
```

（2）创建虚拟主机站点测试页面，默认为 index.html。代码如下：

```
[root@WEBServer ~]# echo "port：8080" >> /var/www/8080/index.html
```

3. 重新启动 Apache 服务

通过【systemctl】命令来重启 Apache 服务。代码如下：

```
[root@WEBServer ~]# systemctl restart httpd
```

▶ 任务验证

（1）在服务器上使用【ss】命令检查 Apache 服务启动的端口，应能查看到 8080 端口已成功启动。代码如下：

```
[root@WEBServer ~]# ss -lnt | grep 8080
LISTEN    0      511              *:8080            *:*
```

（2）在公司客户端 PC1 上，使用浏览器访问 192.168.1.1:8080 网站，查看是否能正常访问，如图 8-4 所示。

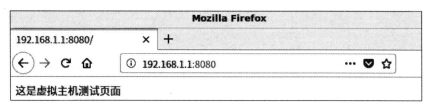

图 8-4 成功访问 192.168.1.1:8080 网站

任务 8-3 基于域名部署项目管理系统站点

扫一扫，看微课

任务 8-3 基于域名部署
项目管理系统站点

▶ 任务规划

公司的项目管理系统主要用于全国各区域项目部的员工管理项目相关资源及信息，因此，项目管理系统站点需要较高的安全性。本任务将通过设置 Apache 虚拟目录及访问控制的方式解决这个问题，访问控制包括 IP 地址访问控制和用户访问控制。另外，项目管理系统站点需要通过一个域名来访问，避免项目部员工不记得详细 IP 地址而访问不了项目管理系统站点。综上所述，本任务可以通过以下步骤来完成：

（1）配置 Apache 服务的主配置文件，实现基于域名的站点发布。

（2）添加认证用户和站点测试页面，为 Apache 用户访问控制提供支持。

（3）重新启动 Apache 服务，使站点的配置生效。

▶ 任务实施

在本任务中，DNS 服务器已经添加了 xiangmu.jan16.cn 的域名记录。

1.配置 Apache 服务的主配置文件

修改 Apache 服务的主配置文件，配置基于域名的虚拟主机，并设置虚拟目录和访问控制参数。代码如下：

```
[root@WEBServer ~]# vim /etc/httpd/conf/httpd.conf
<VirtualHost xiangmu.jan16.cn:80>
  DocumentRoot "/var/www/xiangmu"
```

```
ServerName xiangmu.jan16.cn
Alias /xiangmu "/xiangmu"
<Directory "/xiangmu">
    Order allow,deny
    Allow from 192.168.1.0/24
    AuthName "Please input your password"
    AuthType Basic
    AuthUserFile /var/www/passwd
    Require user xiaozhao
</Directory>
</VirtualHost>
```

2. 添加认证用户和站点测试页面

（1）通过【htpasswd】命令创建用户 xiaozhao，并设置密码为 123456。代码如下：

```
[root@WEBServer ~]# htpasswd -c /var/www/passwd xiaozhao
New password:            ## 输入密码为 123456
Re-type new password:            ## 再次输入密码为 123456
Adding password for user xiaozhao
```

（2）创建 /xiangmu 目录，用于存放站点页面文件，页面文件中需要输入内容【这是虚拟目录站点测试页面】。代码如下：

```
[root@WEBServer ~]# mkdir /xiangmu
[root@WEBServer ~]# echo "这是虚拟目录站点测试页面" > /xiangmu/index.html
```

（3）创建 /var/www/xiangmu 目录，用于存放项目管理系统站点首页文件。代码如下：

```
[root@WEBServer ~]# mkdir /var/www/xiangmu
```

3. 重新启动 Apache 服务

通过【systemctl】命令来重新启动 Apache 服务，使站点的配置生效。代码如下：

```
[root@WEBServer ~]# systemctl restart httpd
```

▶ 任务验证

1. 使用终端访问虚拟目录站点测试页面

（1）在公司内部客户端 PC1 上使用【curl http://xiangmu.jan16.cn/xiangmu/】命令访问

站点，将返回【401 Unauthorized】页面，表示认证没有通过。代码如下：

```
[root@PC1 ~]#  curl http://xiangmu.jan16.cn/xiangmu/
<!DOCTYPE HTML PUBLIC "-//IETF//DTD HTML 2.0//EN">
<html><head>
<title>401 Unauthorized</title>
</head><body>
<h1>Unauthorized</h1>
<p>This server could not verify that you
are authorized to access the document
requested.  Either you supplied the wrong
credentials (e.g., bad password), or your
browser doesn't understand how to supply
the credentials required.</p>
</body></html>
```

（2）在客户端 PC1 上使用【curl -u xiaozhao:123456 http://xiangmu.jan16.cn/xiangmu/】命令，将用户 xiaozhao 的验证信息传给网站，则能成功查看到站点信息。代码如下：

```
[root@PC1 ~]# curl -u xiaozhao:123456 http://xiangmu.jan16.cn/xiangmu/
这是虚拟目录站点测试页面
```

（3）在 IP 地址为 192.168.2.1/24 的工会客户端 PC2 上使用【curl -u xiaozhao:123456 http://xiangmu.jan16.cn/xiangmu/】命令访问站点，将提示【403 Forbidden】页面，表示没有权限访问该站点。代码如下：

```
[root@PC2 ~]# nmcli connection modify ens34 ipv4.addresses 192.168.2.1/24 ipv4.
method manual
[root@PC2 ~]# nmcli connection up ens34
[root@PC2 ~]# curl -u xiaozhao:123456 http://xiangmu.jan16.cn/xiangmu/
<!DOCTYPE HTML PUBLIC "-//IETF//DTD HTML 2.0//EN">
<html><head>
<title>403 Forbidden</title>
</head><body>
<h1>Forbidden</h1>
<p>You don't have permission to access this resource.</p>
</body></html>
```

2. 使用浏览器访问虚拟目录站点测试页面

（1）在公司客户端 PC1 上，使用浏览器访问 http://xiangmu.jan16.cn/xiangmu/ 网站，

在弹出授权页面中输入用户名 xiaozhao 和密码 123456，如图 8-5 所示。单击【确定】按钮，成功访问站点信息，结果如图 8-6 所示。

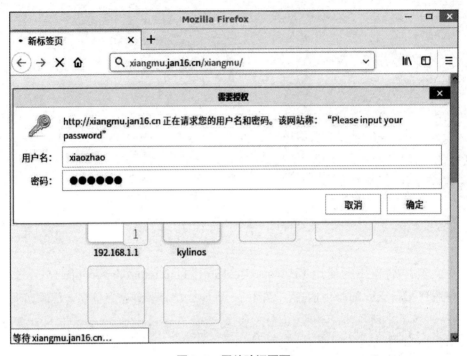

图 8-5　网站验证页面

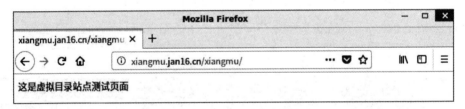

图 8-6　PC1 成功访问站点信息

（2）在公司客户端 PC2 上，使用浏览器访问 http://xiangmu.jan16.cn/xiangmu/ 网站，将提示【403 Forbidden】页面，提示没有站点访问权限，结果如图 8-7 所示。

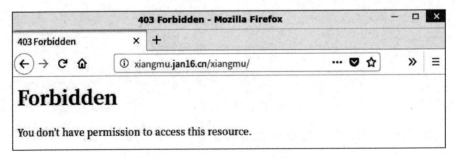

图 8-7　PC2 没有站点访问权限

一、理论习题

1. Web 的主要功能是（　　　）。

A. 传送网上所有类型的文件　　　　　　B. 远程登录

C. 收发电子邮件　　　　　　　　　　　D. 提供浏览网页服务

2. HTTP 的中文意思是（　　　）。

A. 高级程序设计语言　　　　　　　　　B. 域名

C. 超文本传输协议　　　　　　　　　　D. 互联网网址

3. 当使用无效凭据的客户端尝试访问未经授权的内容时，httpd 将返回（　　　）错误。

A. 401　　　　　　　B. 402　　　　　　　C. 403　　　　　　　D. 404

4. HTTPS 使用的端口是（　　　）。

A. 21　　　　　　　B. 23　　　　　　　C. 25　　　　　　　D. 443

5. 在 Apache 配置文件中出现了以 DocumentRoot 开头的语句，该字段代表的含义是
（　　　）。

A. Apache 服务监听的端口号　　　　　　B. 设置默认文档

C. 设置相对根目录的路径　　　　　　　D. 设置主目录的路径

二、项目实训题

1. 项目描述与需求

Jan16 公司需要部署信息中心的门户网站、生产部的业务应用系统和业务部的内部办
公系统。根据公司的网络规划，划分 VLAN 1、VLAN 2 和 VLAN 3 三个网段，网络地址
分别为 172.20.0.0/24、172.21.0.0/24 和 172.22.0.0/24。

公司采用 Kylin 系统服务器作为各部门网络连接的路由器，公司的 DNS 服务部署在
业务部服务器上。Jan16 公司的网络拓扑如图 8-8 所示。

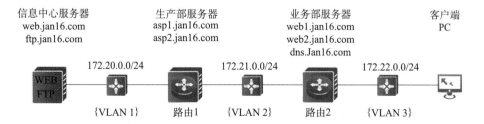

图 8-8　Jan16 公司的网络拓扑

公司希望 Linux 运维工程师在实现各部门网络互联互通的基础上完成各部门网站的部署，具体需求如下所示。

（1）第一台信息中心服务器用于发布信息中心的门户网站（静态），信息中心门户网站的信息如表 8-6 所示。

（2）第二台生产部服务器用于发布生产部的两个业务应用系统（静态），这两个业务应用系统只允许通过域名进行访问。生产部业务应用系统信息如表 8-7 所示。

（3）第三台业务部服务器用于发布业务部的两个内部办公系统（静态），这两个内部办公系统必须通过不同的 IP 地址进行访问。业务部内部办公系统信息如表 8-8 所示。

表 8-6　信息中心门户网站信息表

网站名称	IP 地址 / 子网掩码	端口号	网站域名
门户网站			web.jan16.com

表 8-7　生产部业务应用系统信息表

网站名称	IP 地址 / 子网掩码	端口号	网站域名
业务应用系统 asp1			asp1.jan16.com
业务应用系统 asp2			asp2.jan16.com

表 8-8　业务部内部办公系统信息表

网站名称	IP 地址 / 子网掩码	端口号	网站域名
内部办公系统 web1			web1.jan16.com
内部办公系统 web2			web2.jan16.com

2. 项目实施要求

（1）根据项目的网络拓扑，完成如表 8-9 所示的计算机的 TCP/IP 相关配置信息。

表 8-9　计算机的 TCP/IP 相关配置信息

设备	计算机名	IP 地址 / 子网掩码	网关	DNS 地址
信息中心服务器				
生产部服务器				
业务部服务器				
客户端				

（2）根据网络规划信息和网站部署要求，补充完成如表 8-6、表 8-7 和表 8-8 所示的网站配置信息。

（3）根据项目的要求，完成计算机之间的互联互通，并截取以下结果。

①在客户端 PC 的终端中运行【ping web.jan16.com】命令的结果。

②在生产部服务器的 Shell 窗口中运行【ip route】命令的结果。

③在业务部服务器的 Shell 窗口中运行【ip route】命令的结果。

④使用客户端 PC 的浏览器访问信息中心门户网站的结果。

⑤使用客户端 PC 的浏览器访问生产部的两个业务应用系统的域名的结果。

⑥使用客户端 PC 的浏览器访问业务部的两个内部办公系统的首页的结果。

项目 9　部署企业的 FTP 服务

［学习目标］

（1）掌握 FTP 服务的工作原理。

（2）了解 FTP 的典型消息。

（3）掌握匿名 FTP 与实名 FTP 的概念与应用。

（4）掌握 FTP 多站点的概念与应用。

（5）掌握企业网 FTP 服务的部署业务实施流程。

项目描述

Jan16 公司信息中心的文件共享服务能有效提高信息中心网络服务的效率。公司希望能在信息中心部署文档中心，为各部门提供 FTP 服务，以提高工作效率。公司网络拓扑如图 9-1 所示。

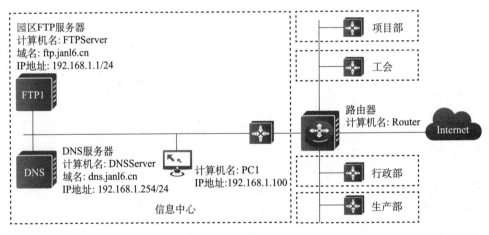

图 9-1　公司网络拓扑

部署公司的 FTP 服务需要满足以下几点要求。

1. FTP 服务的部署要求

在服务器上部署 FTP 服务，创建 FTP 站点，为公司所有员工提供文件共享服务，提高工作效率，具体要求有如下几点。

（1）在 /var/ftp 目录下创建【文档中心】目录，并在该目录中创建【产品技术文档】【公司品牌宣传】【常用软件工具】等子目录，以实现公共文档的分类管理。

（2）创建公共 FTP 站点，站点的根目录为【文档中心】目录，该站点仅允许员工下载文档。

（3）公共 FTP 站点的访问地址为 ftp://192.168.1.1。

2. 建立部门级数据共享空间的部署要求

（1）在 /var/ftp 目录下为各部门建立【部门文档中心】目录，并在该目录中分别创建【项目部】【行政部】【生产部】等部门专属目录，同时为各部门创建相应的服务账户。

（2）基于不同端口部署部门专属 FTP 站点，根目录为【部门文档中心】目录，该站点不允许用户修改根目录结构，仅允许各部门使用专属服务账户访问对应部门的专属目录，专属服务账户对专属目录有上传和下载的权限。

（3）为各部门设置专门的访问账户，仅允许它们访问【文档中心】目录和对应部门专属目录的文档。

（4）部门专属 FTP 站点的访问地址为 ftp://192.168.1.1:2100。

3. FTP 服务权限的划分要求

工会主要负责管理全国各分公司的员工，不同职位的员工权限不同，其中负责人是小赵，普通员工包括小陈、小蔡等。因此，公司需要在 FTP 服务器中对工会 FTP 站点的权限进行详细划分，具体要求有如下几点。

（1）工会 FTP 站点的访问地址为 ftp://192.168.1.1:2120。

（2）工会 FTP 站点的根目录为【/var/ftp/ 部门文档中心 / 工会】。

（3）工会不同角色的用户对工会 FTP 站点根目录有不同的权限，具体如表 9-1 所示。

表 9-1   工会不同角色的用户对工会 FTP 站点根目录有不同的权限

用　户	角　色	对工会 FTP 站点根目录的权限
小赵	负责人	完全控制
小陈	普通员工	只读、下载、不能上传
小蔡	普通员工	只读、下载、不能上传

🦋 项目分析

FTP 服务用于在互联网上提供文件存储和访问服务。本项目可以在公司的服务器上建立 FTP 站点，并在 FTP 站点上部署共享目录，这样就可以实现公司文档的共享，员工也可以方便地访问该站点的文档了。

根据项目描述，在 Kylin 系统服务器上部署 FTP 站点服务，可以通过以下工作任务来完成，具体如下所述。

（1）部署企业公共 FTP 站点，以实现公司公共文档的分类管理，方便员工下载。

（2）部署部门专属 FTP 站点，以实现部门级数据共享，提高数据安全性和工作效率。

（3）配置 FTP 服务器权限，以实现 FTP 站点权限的详细划分，提高安全性。

FTP（File Transfer Protocol，文件传输协议）定义了一个在远程计算机系统和本地计算机系统之间传输文件的标准，工作在应用层，使用 TCP（Transmission Control Protocol，传输控制协议）在不同的主机之间提供可靠的数据传输。由于 TCP 协议是一种面向连接的、可靠的传输协议，因此 FTP 协议可提供可靠的文件传输。FTP 协议支持断点续传功能，它可以大幅地减低 CPU 和网络带宽的开销。在 Internet 诞生初期，FTP 协议就已经被应用在文件传输服务上，而且一直作为主要的服务被广泛部署，在 Windows、Linux、UNIX 等各种常见的网络操作系统中都支持 FTP 服务。

9.1　FTP 协议的组成

FTP 协议是 TCP/IP 协议簇中的协议之一。FTP 协议包括两个组成部分，其一为 FTP 服务器，其二为 FTP 客户端。其中，FTP 服务器用来存储文件，用户可以使用 FTP 客户端通过 FTP 协议访问位于 FTP 服务器上的资源。在开发网站时，通常利用 FTP 协议把网页或程序传到 Web 服务器上。此外，由于 FTP 协议传输效率非常高，因此在网络上传输大的文件时，一般也采用该协议。

9.2　常用 FTP 服务器和客户端程序

目前，市面上有众多的 FTP 服务器和客户端程序，表 9-2 所示为基于 Windows 和 Linux 两种平台的常用 FTP 服务器和客户端程序。

表 9-2　基于 Windows 和 Linux 两种平台的常用 FTP 服务器和客户端程序

程　序	基于 Windows 平台		基于 Linux 平台	
	名称	连接模式	名称	连接模式
FTP 服务器程序	IIS	主动、被动	vsftpd	主动、被动
	Serv-U	主动、被动	proftpd	主动、被动
	Xlight FTP Server	主动、被动	Wu-ftpd	主动、被动

程 序	基于 Windows 平台		基于 Linux 平台	
	名称	连接模式	名称	连接模式
FTP 客户端程序	命令行工具 FTP	默认为主动	命令行工具 lftp	默认为主动
	图形化工具： CuteFTP、LeapFTP	主动、被动	图形化工具： gFTP、Iglooftp	主动、被动
	Web 浏览器	主动、被动	Mozilla 浏览器	主动、被动

9.3 FTP 协议的典型消息

在 FTP 客户端与 FTP 服务器进行通信时，经常会看到一些由 FTP 服务器发送的消息，这些消息是由 FTP 协议所定义的。表 9-3 所示为 FTP 协议中定义的一些典型消息。

表 9-3 FTP 协议中定义的一些典型消息

消息号	含 义
120	服务在多少分钟内准备好
125	数据连接已经打开，开始传送
150	文件状态正确，正在打开数据连接
200	命令执行正确
202	命令未被执行，该站点不支持此命令
211	系统状态或系统帮助信息回应
212	目录状态
213	文件状态
214	帮助消息。关于如何使用本服务器或特殊的非标准命令
220	对新连接用户的服务已准备就绪
221	控制连接关闭
225	数据连接打开，无数据传输正在进行
226	正在关闭数据连接。请求的文件操作成功（例如，文件传送或终止）
227	进入被动模式
230	用户已登录。若不需要，则可以退出
250	请求的文件操作完成
331	用户名正确，需要输入密码
332	需要登录的账户
350	请求的文件操作需要更多的信息
421	服务不可用，控制连接关闭。由于同时连接的用户过多（已达到同时连接的用户数量限制）或连接超时
425	打开数据连接失败
426	连接关闭，传送中止

（续表）

消息号	含 义
450	请求的文件操作未被执行
451	请求的操作中止。发生本地错误
452	请求的操作未被执行。系统存储空间不足，文件不可用
500	语法错误，命令不可识别。可能为命令行过长
501	因参数错误导致的语法错误
502	命令未被执行
503	命令顺序错误
504	由于参数错误，命令未被执行
530	账户或密码错误，未能登录
532	存储文件需要账户信息
550	请求的操作未被执行，文件不可用（如文件未找到或无访问权限）
551	请求的操作被中止，页面类型未知
552	请求的文件操作被中止。超出当前目录的存储分配空间
553	请求的操作未被执行。文件名不合法

9.4 匿名 FTP 与实名 FTP

1. 匿名 FTP

在使用 FTP 服务时必须先登录 FTP 服务器，在远程主机上获取相应的用户权限以后，方可进行文件的下载或上传。也就是说，若想要同哪一台主机进行文件传输，则必须获取该台计算机的相关使用授权。换言之，除非有登录计算机的账户和口令，否则便无法进行文件传输。

但是，这种配置管理方法违背了 Internet 的开放性，Internet 上的 FTP 服务器主机太多了，不可能要求每个用户在每台 FTP 服务器上都拥有账户。因此，匿名 FTP 就应运而生了。

匿名 FTP 是这样一种机制：用户可以通过匿名账户连接到远程主机，并从该远程主机上下载文件，而无须成为 FTP 服务器的注册用户。此时，运维工程师会建立一个特殊的用户账户，名为 anonymous，Internet 上的任何用户在任何地方都可使用该匿名账户下载 FTP 服务器上的资源。

2. 实名 FTP

对于匿名 FTP，一些 FTP 服务仅允许特定用户访问，为一个部门、组织或个人提供网络共享服务，我们称这种 FTP 服务为实名 FTP。

用户在访问实名 FTP 服务器时需要输入账户和密码，运维工程师需要在 FTP 服务器上注册相应的用户账户。

9.5 FTP 协议的工作原理与工作方式

一个 FTP 会话通常包括 5 个软件元素的交互过程。表 9-4 所示为 FTP 会话的 5 个软件元素及说明，图 9-2 所示为 FTP 协议的工作模型。

表 9-4 FTP 会话的 5 个软件元素及说明

软件元素	说　明
用户接口 （UI，User Interface）	提供了一个用户接口并使用客户端协议解释器的服务
客户端协议解释器 （CPI，Client Protocol Interpreter）	向远程服务器协议机发送命令并驱动 FTP 客户端进行数据传输过程
服务器协议解释器 （SPI，Server Protocol Interpreter）	响应客户端协议机发出的命令并驱动 FTP 服务器进行数据传输过程
客户端数据传输协议 （CDTP，Client Data Transmission Protocol）	负责完成与 FTP 服务器的数据传输过程及客户端本地文件系统的通信
服务器数据传输协议 （SDTP，Server Data Transmission Protocol）	负责完成与 FTP 客户端的数据传输过程及服务器文件系统的通信

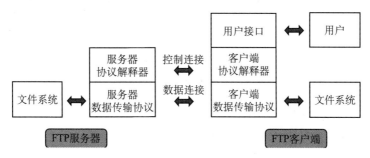

图 9-2 FTP 协议的工作模型

大多数的 TCP 应用协议使用单个的连接，一般是 FTP 客户端向 FTP 服务器的一个固定端口发起连接，然后使用这个连接进行通信。但是，FTP 协议却有所不同，FTP 协议在运行时要使用两个 TCP 连接。

在 TCP 会话中，存在两个独立的 TCP 连接：一个是由 CPI 和 SPI 使用的 TCP 连接，称为控制连接；另一个是由 CDTP 和 SDTP 使用的 TCP 连接，称为数据连接。FTP 独特的双端口连接结构的优点在于：两个连接可以选择各自合适的服务质量。例如，为控制连接提供更小的延迟时间，为数据连接提供更大的数据吞吐量。

控制连接是在执行 FTP 命令时由 FTP 客户端发起请求与 FTP 服务器建立的连接。控制连接并不传输数据，只用来传输控制数据的 FTP 命令集及其响应。因此，控制连接只需要很小的网络宽带。

在通常情况下，FTP 服务器通过监听端口号 21 来等待控制连接建立请求。一旦 FTP 客户端和 FTP 服务器建立连接，控制连接将始终保持连接状态，而数据连接端口号 20 仅在传输数据时开启。在 FTP 客户端请求获取 FTP 文件目录、上传文件和下载文件等操作时，FTP 客户端和 FTP 服务器之间将建立一条数据连接通道，这里的数据连接是全双工的，允许同时进行双向的数据传输，并且 FTP 客户端的端口号是随机产生的，多次建立连接的 FTP 客户端端口号是不同的，一旦传输结束，就马上释放这条数据连接通道。FTP 客户端和 FTP 服务器请求连接、建立连接、数据传输、数据传输完成、断开连接的过程如图 9-3 所示，其中，FTP 客户端的端口号 1088 和 1089 是在 FTP 客户端随机产生的。

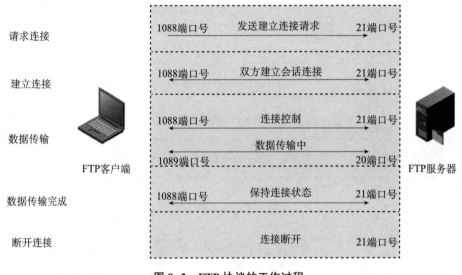

图 9-3　FTP 协议的工作过程

FTP 协议支持两种模式，一种模式叫作 Standard（也就是 PORT 模式，主动模式），另一种模式叫作 Passive（也就是 PASV 模式，被动模式）。Standard 模式的 FTP 客户端发送 PORT 命令给 FTP 服务器。Passive 模式的 FTP 客户端发送 PASV 命令给 FTP 服务器。

PORT 模式的工作原理如下：

FTP 客户端首先和 FTP 服务器的 TCP 21 端口建立连接，通过这个通道来发送命令，当 FTP 客户端需要接收数据时在这个通道上发送 PORT 命令。PORT 命令包含了 FTP 客户端用什么端口接收数据。在传送数据时，FTP 服务器通过自己的 TCP 20 端口连接至 FTP 客户端的指定端口发送数据。FTP 服务器必须和 FTP 客户端建立一个新的连接用来传送数据。

PASV 模式的工作原理如下：

PASV 模式在建立连接控制通道时与 PORT 模式类似，但是在建立连接后发送的不是 PORT 命令，而是 PASV 命令。FTP 服务器收到 PASV 命令后，随机打开一个端口（端口号大于 1024），并且通知 FTP 客户端在这个端口上传送数据，FTP 客户端连接 FTP 服务器此端口，通过三次握手建立通道，然后 FTP 服务器将通过这个端口进行数据的传送。

很多防火墙在设置时都是不允许接受外部发起的连接的，所以许多位于防火墙后或内网的 FTP 服务器不支持 PASV 模式，因为 FTP 客户端无法穿过防火墙打开 FTP 服务器的端口；而许多内网中的 FTP 客户端不能使用 PORT 模式登录 FTP 服务器，因为从 FTP 服务器的 TCP 20 端口无法和内网中的 FTP 客户端建立一个新的连接。

9.6 FTP 服务常用文件及参数解析

FTP 服务软件包主要包括以下文件。

1. 主配置文件 /etc/vsftpd/vsftpd.conf

主配置文件内包含了大量的参数，不同的参数可以实现对 vsftpd 服务功能的实现和权限的控制，但是其中大部分的参数都是以【#】开头的注释，在配置前可以将原始的主配置文件进行备份，随后再重写新的主配置文件。主配置文件书写的格式为【option=value】，注意【=】两边不能留空格。每行前后也不能有多余的空格，选项区分大小写，特殊情况选项值不区分。

vsftpd 服务的主配置文件中常用的参数和解析如表 9-5 所示。

表 9-5 vsftpd 服务的主配置文件中常用的参数和解析

参　数	解　析
anonymous_enable=YES	是否允许匿名访问，YES 为允许，NO 为拒绝
local_enable=YES	是否允许本地用户登录，YES 为允许，NO 为拒绝
write_enable=YES	是否允许用户进行读 / 写操作，YES 为允许，NO 为拒绝
local_umask=022	默认掩码，即默认创建文件的权限为 777-022=755，目录权限是 666-022=644
anon_upload_enable=YES	是否允许匿名用户上传文件，YES 为允许，NO 为拒绝
anon_mkdir_write_enable=YES	是否允许默认用户创建目录，YES 为允许，NO 为拒绝
dirmessage_enable=YES	在进入目录时会显示 .message 文件的内容
xferlog_enable=YES	默认上传或者下载的日志被记录在 /var/log/vsftpd.log 文件中
connect_from_port_20=YES	使用 20 端口作为数据传输端口
chown_uploads=YES chown_username=whoever	这两行要成对出现，意思：在上传文件后，文件的所有者变成 whoever，不能重新上传覆盖该文件
pam_service_name=vsftpd	列出与 vsftpd 相关的 PAM 文件

（续表）

参　数	解　析
userlist_enable=YES	当该参数的值被设置为 YES 时，启用 /etc/vsftpd/user_list 文件。此时，有以下两种情况。 1. 若此时没有 userlist_deny=NO，则 /etc/vsftpd/user_list 文件中的用户不能访问 FTP 服务器。 2. 若存在 userlist_deny=NO，则仅接受 /etc/vsftpd/user_list 文件中存在的用户登录 FTP 服务器的请求（前提是这些用户不存在于 /etc/vsftpd/ftpusers 中）。 当该参数的值被设置为 NO 时，不启用 /etc/vsftpd/user_list 文件
userlist_file=/etc/vsftpd/users_list	默认的用户名单
guest_enable=YES	是否开启用户身份验证，YES 为开启，NO 为关闭
guest_username=ftp	映射登录用户的身份为 guest 用户，配合上面选项生效
local_root=/var/ftp	设定本地用户登录的主目录位置
anon_root=/var/ftp	设定匿名用户登录的主目录位置
pasv_enable=YES #port_enable=YES	PORT 为主动模式，PASV 为被动模式，两个不能同时使用，必须注释掉一个
pasv_min_port=9000 pasv_max_port=9200	当使用被动模式时端口的范围。例如，端口的范围为 9000~9200，只能在被动模式下使用
use_localtime=YES	是否使用本地时间，YES 为使用，NO 为不使用
anon_umask=022	匿名用户上传文件的 umask 值
anon_upload_enable=YES	允许匿名用户上传文件
chroot_local_user=YES	锁定所有系统用户在主目录中
anon_other_write_enable=YES	允许匿名用户修改目录名称或删除目录
chroot_list_enable=YES	锁定特定用户在主目录中。当 chroot_local_user=YES 时，则 chroot_list 中的用户不禁锢；当 chroot_local_user=NO 时，则 chroot_list 中的用户禁锢
ftpd_banner="welcome to mage ftp server"	自定义 FTP 服务器登录提示信息
max_clients=0	最大并发连接数
max_per_ip=0	每个 IP 地址同时发起的最大连接数
anon_max_rate=0	匿名用户的最大传输速率
local_max_rate=0	本地用户的最大传输速率

2. vsftpd 认证文件 /etc/pam.d/vsftpd

该文件主要用于加强 vsftpd 服务的用户认证，决定 vsftpd 服务使用何种认证方式，可以是本地系统的真实用户认证（模块 pam_unix），也可以是独立的用户认证数据库（模块 pam_userdb），还可以是网络上的 LDAP 数据库（模块 pam_ldap）等。此文件中 file=/etc/vsftpd/ftpusers 字段，指明阻止访问的用户来自 /etc/vsftpd/ftpusers 文件中的用户。/etc/pam.d/vsftpd 文件的部分输出如下：

```
#%PAM-1.0
session     optional     pam_keyinit.so     force revoke
auth            required        pam_listfile.so item=user sense=deny file=/etc/vsftpd/
ftpusers onerr=succeed
auth            required        pam_shells.so
auth            include         password-auth
account     include         password-auth
session     required        pam_loginuid.so
session     include         password-auth
```

3. 黑名单 /etc/vsftpd/ftpusers

/etc/vsftpd/ftpusers 文件不受任何配置项的影响，它总是有效的，它是一个黑名单。该文件存放的是一个禁止访问 FTP 服务器的用户列表，通常出于安全性考虑，运维工程师不希望一些拥有过多权限的账户（如 root）登录 FTP 服务器，以免通过该账户从 FTP 服务器上传或下载一些危险位置上的文件，从而对系统造成损坏。这个文件中默认已经包含了 root、bin 和 daemon 等系统账户。/etc/vsftpd/ftpusers 文件的部分输出如下：

```
# Users that are not allowed to login via ftp  // 不允许下列用户登录 FTP 服务器
root
bin
daemon
adm
lp
sync
shutdown
【... 省略显示部分内容 ...】
```

4. 用户列表 /etc/vsftpd/user_list

这个文件中包括的用户有可能是被拒绝访问 vsftpd 服务的，也可能是允许访问 vsftpd 服务的，这完全是由 vsftpd 服务的主配置文件（/etc/vsftpd/vsftpd.conf）中的参数 userlist_deny 和 userlist_enable 的值是被设置为 YES（默认值）还是被设置为 NO 来决定的。用户列表信息如下：

```
userlist_enable=YES     userlist_deny=YES   // 黑名单，拒绝文件中的用户访问 FTP 服务器
userlist_enable=YES     userlist_deny=NO     // 白名单，仅允许文件中的用户访问 FTP 服务器
userlist_enable=NO      userlist_deny=YES/NO    // 无效名单，表示没有对任何用户限制访问
FTP 服务器
```

5.默认共享站点目录 /var/ftp

该目录是 vsftpd 提供服务的文件集散地，它包括一个 pub 子目录。在默认配置下，所有的目录都是只读状态，只有 root 用户有写入的权限。

任务 9-1　部署企业公共
FTP 站点

任务 9-1　部署企业公共 FTP 站点

▶ 任务规划

在 FTP 服务器上创建一个公共 FTP 站点，并在站点根目录——【/var/ftp/文档中心】目录中分别创建【产品技术文档】【公司品牌宣传】【常用软件工具】等子目录，以实现公共文档的分类管理，方便员工下载文档。任务 9-1 的网络拓扑如图 9-4 所示。

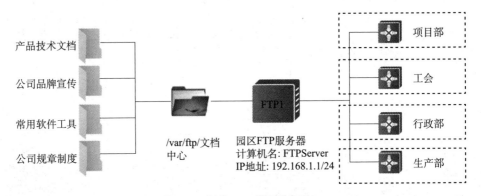

图 9-4　任务 9-1 的网络拓扑

Kylin 系统服务器具备 FTP 服务的功能，本任务可以在 FTP 服务器上安装 FTP 服务，并通过以下步骤实现公司公共 FTP 站点的部署。

（1）在 FTP 服务器上创建 FTP 站点目录。

（2）在 FTP 服务器上安装 vsftpd 服务。

（3）修改 FTP 服务主配置文件的参数。

（4）启动 FTP 服务。

▶ 任务实施

1.在 FTP 服务器上创建 FTP 站点目录

（1）在 FTP 服务器的 /var/ftp 目录下创建【文档中心】目录，并在【文档中心】目录中分别创建【产品技术文档】【公司品牌宣传】【常用软件工具】等子目录。在【产品技术文档】目录中创建 a.txt 文件。代码如下：

```
[root@FTPServer ~]# mkdir /var/ftp/ 文档中心
[root@FTPServer ~]# cd /var/ftp/ 文档中心
[root@FTPServer 文档中心 ]# mkdir 产品技术文档公司品牌宣传常用软件工具公司规章制度
[root@FTPServer 文档中心 ]# ll
总用量 0
drwxr-xr-x 2 root root 6 12 月 28 08:48 产品技术文档
drwxr-xr-x 2 root root 6 12 月 28 08:48 常用软件工具
drwxr-xr-x 2 root root 6 12 月 28 08:48 公司规章制度
drwxr-xr-x 2 root root 6 12 月 28 08:48 公司品牌宣传
[root@FTPServer 文档中心 ]# cd 产品技术文档 /
[root@FTPServer 产品技术文档 ]# touch a.txt
```

（2）修改【文档中心】目录的默认所属主和所属组参数，避免用户无法读 / 写目录的情况出现。代码如下：

```
[root@FTPServer ~]# chown -R ftp.ftp /var/ftp/ 文档中心
```

2. 在 FTP 服务器上安装 vsftpd 服务

（1）使用【yum】命令安装 vsftpd 服务。代码如下：

```
[root@FTPServer ~]# yum -y install vsftpd.x86_64
```

（2）使用【rpm】命令来检查系统是否安装了 vsftpd 服务或查看已经安装了哪个版本。代码如下：

```
[root@FTPServer ~]# rpm -qa | grep vsftpd
vsftpd-3.0.3-30.ky10.x86_64
```

（3）启动 vsftpd 服务，并设置为开机自动启动。代码如下：

```
[root@FTPServer ~]# systemctl start vsftpd.service
[root@FTPServer ~]# systemctl enable vsftpd
Created symlink /etc/systemd/system/multi-user.target.wants/vsftpd.service → /
usr/lib/systemd/system/vsftpd.service.
[root@FTPServer ~]# systemctl status vsftpd.service
● vsftpd.service - Vsftpd ftp daemon
  Loaded: loaded (/usr/lib/systemd/system/vsftpd.service; enabled; vendor preset:
disabled)
```

```
   Active: active (running) since Tue 2021-12-28 08:52:02 CST; 2min 9s ago
 Main PID: 7198 (vsftpd)
    Tasks: 1
   Memory: 560.0K
   CGroup: /system.slice/vsftpd.service
           └─7198 /usr/sbin/vsftpd /etc/vsftpd/vsftpd.conf
```
【...省略显示部分内容...】

3. 修改 FTP 服务主配置文件的参数

（1）在修改 vsftpd 服务的配置文件之前，先对主配置文件进行备份。代码如下：

```
[root@FTPServer ~]# cp /etc/vsftpd/vsftpd.conf /etc/vsftpd/vsftpd.conf.bak
```

（2）修改 vsftpd 服务的主配置文件，这里需要设置 FTP 服务允许匿名登录、允许匿名用户上传下载和创建目录，但是不允许删除共享目录内的内容。代码如下：

```
[root@FTPServer ~]# vim /etc/vsftpd/vsftpd.conf
anonymous_enable=YES          ## 设置允许匿名用户登录
anon_upload_enable=YES        ## 设置匿名用户具备上传权限
write_enable=YES              ## 设置匿名用户具备写入权限
anon_mkdir_write_enable=YES   ## 允许匿名用户创建目录
anon_umask=022                ## 设置匿名用户新增文件的权限掩码
anon_other_write_enable=NO    ## 禁止匿名用户修改或删除文件
#local_enable=YES             ## 注释此行表示禁止本地用户登录
#local_umask=022              ## 注释此行表示取消对本地用户设置新增文件的权限掩码
```

4. 启动 FTP 服务

通过【systemctl】命令重启 FTP 服务。代码如下：

```
[root@FTPServer ~]# systemctl restart vsftpd.service
```

▶ 任务验证

（1）在 FTP 服务器上使用【ss】命令检查端口启用情况，应能查看到 FTP 服务默认监听的 21 端口已启用。

```
[root@FTPServer ~]# ss -lnt | grep 21
LISTEN      0        32                          *:21                        *:*
```

（2）配置 PC1 主机的 IP 地址为 192.168.1.100/24。

```
[root@PC1 ~]# nmcli connection modify ens34 ipv4.addresses 192.168.1.100/24
ipv4.method manual
[root@PC1 ~]# nmcli connection up ens34
```

（3）使用【yum】命令安装 FTP 客户端。代码如下：

```
[root@PC1 ~]# yum -y install ftp
```

（4）在 PC1 主机上，通过【ftp】相关命令访问 FTP 站点，使用匿名账户 anonymous
或 ftp 登录（密码为空）。登录成功后，应能成功测试使用【mkdir】命令创建目录，而删
除目录则会失败。代码如下：

```
[root@PC1 ~]# ftp 192.168.1.1
Connected to 192.168.1.1 (192.168.1.1).
220 (vsFTPd 3.0.3)
Name (192.168.1.1:root): anonymous
331 Please specify the password.
Password:
230 Login successful.
Remote system type is UNIX.
Using binary mode to transfer files.
ftp> cd 文档中心
250 Directory successfully changed.
ftp> mkdir test
257 "/文档中心/test" created
ftp> rm test
550 Permission denied.
```

（5）使用匿名账户登录成功后，切换到【产品技术文档】目录中，尝试将 a.txt 文件
下载到本地并且修改名称为 file.txt。

```
ftp> cd 产品技术文档
250 Directory successfully changed.
ftp> get a.txt file.txt
local: file.txt remote: a.txt
227 Entering Passive Mode (192,168,1,1,124,50).
150 Opening BINARY mode data connection for a.txt (0 bytes).
226 Transfer complete.
ftp> quit
```

```
221 Goodbye.
[root@PC1 ~]# ll
总用量 8
drwxr-xr-x 2 root root     6 12 月 16 15:16 公共
drwxr-xr-x 2 root root     6 12 月 16 15:16 模板
drwxr-xr-x 2 root root     6 12 月 16 15:16 视频
drwxr-xr-x 2 root root     6 12 月 16 15:16 图片
drwxr-xr-x 2 root root     6 12 月 16 15:16 文档
drwxr-xr-x 2 root root     6 12 月 16 15:16 下载
drwxr-xr-x 2 root root     6 12 月 16 15:16 音乐
drwxr-xr-x 3 root root    34 12 月 22 10:29 桌面
-rw------- 1 root root  2755 12 月 16 15:12 anaconda-ks.cfg
-rw-r--r-- 1 root root     0 12 月 28 09:30 file.txt
```

扫一扫，
看微课

任务 9-2 　部署部门
专属 FTP 站点

任务 9-2　部署部门专属 FTP 站点

▶ 任务规划

通过任务 9-1，公司创建了公共的 FTP 站点，为员工下载公司公共文件提供了便利，提高了工作效率。各部门也相继提出了建立部门级数据共享空间需求，具体如下。

（1）在 /var/ftp 目录下建立【部门文档中心】目录，并在该目录下为各部门创建【项目部】【行政部】【生产部】等部门专属目录。

（2）为各部门创建相应的服务账户。

（3）创建 FTP 部门站点，站点根目录为【部门文档中心】，站点权限如下。

● 不允许用户切换到其他目录。

● 各部门用户服务账户仅允许访问对应部门的专属目录，对专属目录有上传和下载权限。

（4）FTP 的访问地址为：FTP://192.168.1.1:2100。

本任务在部署部门的专属 FTP 站点中，可以先创建一个具有上传和下载权限的站点，然后在发布目录和子目录中配置权限，授予服务账户相匹配的权限。在服务账户的设计中，可以根据组织架构的特征，完成服务账户的创建。因此，应根据 FTP 服务相关的公司组织架构来规划设计相应的服务账户与 FTP 站点架构，如图 9-5 所示。

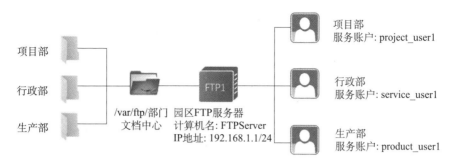

图 9-5 部门 FTP 站点架构图

综上所述，本任务可通过以下步骤来实现。

（1）创建各部门 FTP 站点的专属服务账户。

（2）创建基于不同端口的 FTP 服务配置文件。

（3）重新启动 FTP 服务，使配置生效。

► 任务实施

1. 创建 FTP 站点部门服务账户

（1）创建 FTP 站点物理目录。

在 FTP 服务器的 /var/ftp 目录中创建【部门文档中心】目录，并创建 project_user1、service_user1、product_user1 三个服务账户，并且分别设置家目录为【/var/ftp/ 部门文档中心】下的三个共享目录【项目部】【行政部】【生产部】，并设置密码。代码如下：

```
[root@FTPServer ~]# mkdir /var/ftp/ 部门文档中心
[root@FTPServer ~]# useradd -d /var/ftp/ 部门文档中心 / 项目部 project_user1
[root@FTPServer ~]# useradd -d /var/ftp/ 部门文档中心 / 行政部 service_user1
[root@FTPServer ~]# useradd -d /var/ftp/ 部门文档中心 / 生产部 product_user1
[root@FTPServer ~]# echo "jan16@111" | passwd --stdin project_user1
[root@FTPServer ~]# echo "jan16@222" | passwd --stdin service_user1
[root@FTPServer ~]# echo "jan16@333" | passwd --stdin product_user1
```

（2）在 FTP 服务器上每个服务账户的家目录下，创建三个测试用的 txt 文件。代码如下：

```
[root@FTPServer ~]# touch /var/ftp/ 部门文档中心 / 项目部 /project.txt
[root@FTPServer ~]# touch /var/ftp/ 部门文档中心 / 行政部 /service.txt
[root@FTPServer ~]# touch /var/ftp/ 部门文档中心 / 生产部 /product.txt
```

2. 创建基于不同端口的 FTP 服务配置文件

（1）创建一个名为 /etc/vsftpd/vsftpd2100.conf 的配置文件，在配置文件中设置 FTP 禁用匿名登录、允许本地用户进行登录但不允许用户切换目录，设置本地用户对目录有上传、下载的权限，设置监听的端口为 2100。代码如下：

```
[root@FTPServer ~]# vim /etc/vsftpd/vsftpd2100.conf
anonymous_enable=NO
local_enable=YES
write_enable=YES
local_umask=022
chroot_local_user=YES
chroot_list_enable=YES
chroot_list_file=/etc/vsftpd/chroot_list
pam_service_name=vsftpd
listen_port=2100
```

（2）修改 chroot_list 文件，将需要受到禁止切换目录限制的用户添加到此文件中。代码如下：

```
[root@FTPServer ~]# vim /etc/vsftpd/chroot_list
project_user1
service_user1
product_user1
```

3. 重新启动 FTP 服务

在配置完成后，通过【systemctl】命令启动 FTP 服务，在 vsftp 软件中，允许通过修改配置文件名称的方式建立多个 FTP 站点服务，启动时需要在 vsftpd 服务名称后加上【@新配置文件名称】。代码如下：

```
[root@FTPServer ~]# systemctl restart vsftpd@vsftpd2100
```

▶ 任务验证

（1）在 FTP 服务器上通过【ss】命令检查端口启动情况，查看到 2100 端口已经处于监听状态则代表服务已经成功启动。代码如下：

```
[root@FTPServer ~]# ss -tlnp |grep 2100
LISTEN   0   32   0.0.0.0:2100   0.0.0.0:*    users:(("vsftpd",pid=16085,fd=3))
```

（2）在 PC1 主机上使用项目部专属服务账户 project_user1 访问 FTP 站点，通过【pwd】命令可以查看到用户登录后将处于家目录中，把 project.txt 文件下载到本地，通过【mkdir】命令可以创建新目录，通过【cd】命令尝试切换目录，结果显示切换目录失败。

```
[root@PC1 ~]# ftp 192.168.1.1 2100
Connected to 192.168.1.1 (192.168.1.1).
220 (vsFTPd 3.0.3)
Name (192.168.1.1:root): project_user1
331 Please specify the password.
Password:
230 Login successful.
Remote system type is UNIX.
Using binary mode to transfer files.
ftp> pwd
257 "/var/ftp/部门文档中心/项目部" is the current directory
ftp> ls
227 Entering Passive Mode (192,168,1,1,65,152).
150 Here comes the directory listing.
-rw-r--r--    1 0        0               0 Dec 28 01:38 project.txt
226 Directory send OK.
ftp> get project.txt
local: project.txt remote: project.txt
227 Entering Passive Mode (192,168,1,1,48,230).
150 Opening BINARY mode data connection for project.txt (0 bytes).
226 Transfer complete.
ftp> mkdir test
257 "/var/ftp/部门文档中心/项目部/test" created
ftp> cd /root
550 Failed to change directory.
ftp> exit
```

任务 9-3　配置 FTP 服务器权限

扫一扫，
看微课

任务 9-3　配置 FTP 服务
器权限

▶ 任务规划

对于【工会】目录的权限问题，可以通过虚拟用户的方式进行划分。运维工程师进行了如表 9-6 所示的规划。

表 9-6　FTP 虚拟用户及权限规划表

所属系统用户	虚拟用户名	用户	站点目录	权限
union_user1	xiaozhao	小赵	/var/ftp/部门文档中心/工会	可读、可写、可上传
	xiaochen	小陈		可读、下载、不能上传
	xiaocai	小蔡		可读、下载、不能上传

本任务的步骤如下。

（1）创建 FTP 虚拟用户。

（2）修改 FTP 配置文件参数，根据公司需求创建 FTP 站点。

（3）配置 FTP 虚拟用户权限。

（4）重启 FTP 服务，使配置生效。

▶ 任务实施

1. 创建 FTP 虚拟用户

（1）创建存放虚拟用户的文件，添加虚拟用户时，单行写用户名，双行写密码。代码如下：

```
[root@FTPServer ~]# vim /root/ftp_vuser
xiaozhao
12345
xiaochen
12345
xiaocai
12345
```

（2）使用【db_load】命令从 ftp_vuser 文件中生成虚拟用户数据库文件 ftp_vuser.db。代码如下：

```
[root@FTPServer ~]# db_load -T -t hash -f /root/ftp_vuser /etc/vsftpd/ftp_vuser.
db
## 在上述命令中，选项 -T -t hash 表示指定生成 hash 数据格式文件数据库。-f 选项后面接包含用
户名和密码的文本文件，奇数行为用户名、偶数行为密码
```

（3）添加虚拟用户的映射用户，创建映射用户的宿主目录。创建 FTP 根目录。代码如下：

```
[root@FTPServer ~]# useradd -d /var/ftp/ 部门文档中心 / 工会 -s /sbin/nologin union_
user1
[root@FTPServer ~]# chmod 777 /var/ftp/ 部门文档中心 / 工会
```

（4）为虚拟用户建立 PAM 认证文件，此文件将用于对虚拟用户认证的控制。代码如下：

```
[root@FTPServer ~]# vim /etc/pam.d/vsftpd.login
auth required pam_userdb.so db=/etc/vsftpd/ftp_vuser
account required pam_userdb.so db=/etc/vsftpd/ftp_vuser
```

以上内容，通过 db=/etc/vsftpd/ftp_vusers 参数指定了要使用的虚拟用户数据库文件位置（此处不需要写 .db 扩展名）。

2. 修改 FTP 配置文件参数

复制备份的 FTP 主配置文件，创建一个名为 /etc/vsftpd/vsftpd2120.conf 的配置文件，在配置文件中启用虚拟用户，设置用于用户认证的 PAM 文件位置，虚拟用户映射虚拟用户名称，设置监听的端口为 2120。代码如下：

```
[root@FTPServer ~]# cp /etc/vsftpd/vsftpd.conf.bak  /etc/vsftpd/vsftpd2120.conf
[root@FTPServer ~]# vim /etc/vsftpd/vsftpd2120.conf
## 在配置文件末尾修改并新增如下条目
pam_service_name=vsftpd.login
userlist_enable=YES
listen_port=2120
guest_enable=YES
guest_username=union_user1
user_config_dir=/etc/vsftpd/vusers_dir
allow_writeable_chroot=YES
```

3. 配置 FTP 虚拟用户权限

（1）创建虚拟用户配置文件目录。代码如下：

```
[root@FTPServer ~]# mkdir /etc/vsftpd/vusers_dir
```

（2）创建并设置【xiaozhao】账户的权限配置文件，使小赵对【工会】目录具有完全控制权限。代码如下：

```
[root@FTPServer ~]# vi /etc/vsftpd/vusers_dir/xiaozhao
virtual_use_local_privs=NO
write_enable=YES                        ## 设置虚拟用户可写入
anon_world_readable_only=NO
anon_upload_enable=YES                  ## 设置虚拟用户可上传文件
anon_mkdir_write_enable=YES             ## 设置虚拟用户可创建目录
anon_other_write_enable=YES             ## 设置虚拟用户可重命名、删除文件
```

（3）创建并设置【xiaochen】账户的权限配置文件，使小陈对【工会】目录只有读取文件和下载文件权限。代码如下：

```
[root@FTPServer ~]# vi /etc/vsftpd/vusers_dir/xiaochen
virtual_use_local_privs=NO
```

```
write_enable=NO
anon_world_readable_only=NO
anon_upload_enable=NO                    ## 设置虚拟用户不可上传文件
anon_mkdir_write_enable=NO               ## 设置虚拟用户不可创建目录
anon_other_write_enable=NO               ## 设置虚拟用户不可重命名、删除文件
```

（4）创建并设置【xiaocai】账户的权限配置文件，使小蔡对【工会】目录只有读取文件和下载文件权限。代码如下：

```
[root@FTPServer ~]# vi /etc/vsftpd/vusers_dir/xiaocai
virtual_use_local_privs=NO
write_enable=NO
anon_world_readable_only=NO
anon_upload_enable=NO                    ## 设置虚拟用户不可上传文件
anon_mkdir_write_enable=NO               ## 设置虚拟用户不可创建目录
anon_other_write_enable=NO               ## 设置虚拟用户不可重命名、删除文件
```

4. 重启 FTP 服务

重启 vsftpd 服务。代码如下：

```
[root@FTPServer ~]# systemctl restart vsftpd@vsftpd2120
```

▶ 任务验证

在 PC1 主机上使用小赵用户访问 FTP 站点，可以创建目录和上传文件。使用小陈（或小蔡）用户则只能读取文件和下载文件。代码如下：

```
[root@PC1 ~]# ftp 192.168.1.1 2120
Connected to 192.168.1.1 (192.168.1.1).
220 (vsFTPd 3.0.3)
Name (192.168.1.1:root): xiaozhao
331 Please specify the password.
Password:
230 Login successful.
Remote system type is UNIX.
Using binary mode to transfer files.
ftp> mkdir test
257 "/test" created
ftp> put anaconda-ks.cfg aaa.cfg
```

```
local: anaconda-ks.cfg remote: aaa.cfg
227 Entering Passive Mode (192,168,1,1,207,209).
150 Ok to send data.
226 Transfer complete.
2755 bytes sent in 0.0146 secs (188.35 Kbytes/sec)
ftp> exit
221 Goodbye.
```

```
[root@PC1 ~]# ftp 192.168.1.1 2120
Connected to 192.168.1.1 (192.168.1.1).
220 (vsFTPd 3.0.3)
Name (192.168.1.1:root): xiaochen
331 Please specify the password.
Password:
230 Login successful.
Remote system type is UNIX.
Using binary mode to transfer files.
ftp> ls
227 Entering Passive Mode (192,168,1,1,198,159).
150 Here comes the directory listing.
-rw-------    1 1002     1002          2755 Jan 04 08:18 aaa.cfg
drwx------    2 1002     1002             6 Jan 04 08:18 test
226 Directory send OK.
ftp> put anaconda-ks.cfg aaa2.cfg
local: anaconda-ks.cfg remote: aaa2.cfg
227 Entering Passive Mode (192,168,1,1,167,192).
550 Permission denied.          ## 上传文件失败
ftp> mkdir test
550 Permission denied.          ## 创建目录失败
ftp> get aaa.cfg
local: aaa.cfg remote: aaa.cfg
227 Entering Passive Mode (192,168,1,1,164,83).
150 Opening BINARY mode data connection for aaa.cfg (2755 bytes).
226 Transfer complete.
2755 bytes received in 3.4e-05 secs (81029.41 Kbytes/sec)
```

练习与实践

一、理论习题

1. FTP 的主要功能是（　　）。

A. 传送网上所有类型的文件 　　　　　　B. 远程登录

C. 收发电子邮件 　　　　　　　　　　　D. 浏览网页

2. FTP 的中文意思是（　　）。

A. 高级程序设计语言 　　　　　　　　　B. 域名

C. 文件传输协议 　　　　　　　　　　　D. 网址

3. 将文件从 FTP 服务器传输到 FTP 客户端的过程称为（　　）。

A. upload 　　　　B. download 　　　　C. upgrade 　　　　D. update

4. 以下哪个是 FTP 服务使用的端口号（　　）。

A. 21 　　　　　　B. 23 　　　　　　　C. 25 　　　　　　　D. 22

5. 在 vsftpd 配置文件中，出现了 anonymous_enable=YES，该字段的含义是（　　）。

A. 允许匿名用户访问 　　　　　　　　　B. 允许本地用户登录

C. 允许匿名用户上传文件 　　　　　　　D. 允许默认用户创建目录

二、项目实训题

1. 项目背景与需求

某大学计算机学院为了方便集中管理文件，学院负责人安排网络管理员负责安装并配置一台 FTP 服务器，主要用于教学文件归档、常用软件的共享、学生作业的管理等，计算机学院的网络拓扑如图 9-6 所示。

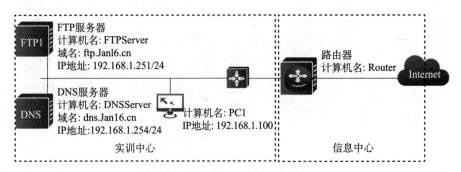

图 9-6　计算机学院的网络拓扑

（1）FTP 服务器配置和管理要求如下：

①站点根目录为 /var/ftp。

②在 /var/ftp 目录下建立【教师资料区】【教务员资料区】【辅导员资料区】【学院领导资料区】【资料共享中心】目录，供实训中心各部门使用。

③为每个部门的人员创建对应的 FTP 账户和密码，FTP 账户对应的目录权限，如表9-7 所示。

表 9-7   FTP 账户对应的权限

用 户	教师 A 教学资料区	学生作业区	教务员资料区	辅导员资料区	学院领导资料区	资料共享中心
Teacher_A（教师）	完全控制	完全控制	无权限	无权限	无权限	读取
Student_A（学生）	无权限	写入	无权限	无权限	无权限	无权限
Secretary（教务员）	读取	读取	完全控制	无权限	无权限	读取
Assistant（辅导员）	无权限	无权限	无权限	完全控制	无权限	读取
Soft_center（机房管理员）	无权限	无权限	无权限	无权限	无权限	完全控制
Download（资料共享中心下载账户）	无权限	无权限	无权限	无权限	无权限	读取
President（院长）	完全控制	完全控制	完全控制	完全控制	完全控制	完全控制

（2）各个部门所创建的目录和账户的对应关系如图 9-7 所示。

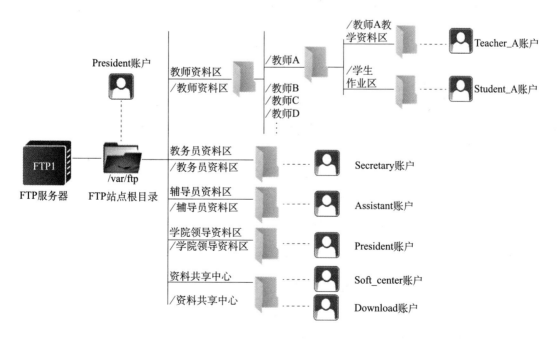

图 9-7   部门的目录和账户的对应关系

（3）各个部门所创建的目录和账户的相关说明如下。

①【教师资料区】：计算机学院所有教师的教学资料和学生作业存放在【教师资料区】目录中，为所有教师在【教师资料区】目录下创建对应教师姓名的目录，例如，A 教师的目录名称为【教师 A】，在【教师 A】目录下再创建两个子目录，一个子目录名称为【教师 A 教学资料区】，存放该教师的教学文件，另一个子目录名称为【学生作业区】，存放学生的作业。为每位教师分配 Teacher_A 和 Student_A 两个账户，密码分别为 123 和 456。Teacher_A 账户对【教师 A】目录下的所有文件具有完全控制权限，而 Student_A 账户可以在该教师的【学生作业区】目录中上传作业，即写入权限，除此之外没有其他任何权限。教师 B、教师 C 等其他教师的 FTP 账户和文件的管理，与教师 A 的方法一样。

②【教务员资料区】：用于保存学院的常规教学文件、规章制度、通知等资料。为教务员创建一个 FTP 账户为 Secretary，密码为 789。

③【辅导员资料区】：用于保存学院的学生工作的常规文件、规章制度、通知等资料。为教务员创建一个 FTP 账户为 Assistant，密码为 159。

④【学院领导资料区】：用于保存学院领导的相关文件等资料。为学院领导创建一个 FTP 账户为 President，密码为 123456。

⑤【资料共享中心】：主要保存常用的软件、公共资料，供全院师生下载相关资料。为学院机房管理员创建一个 FTP 账户为 Soft_center，密码为 123456，该账户对【资料共享中心】目录拥有完全控制权限；为学院创建一个公用 FTP 账户为 Download，密码为 Download，该账户供全院师生下载共享资料。

2. 项目实施要求

（1）在客户端 PC1 的终端中输入：ftp 192.168.1.251，使用 Teacher_A 账户和密码登录 FTP 服务器，测试相关的权限，并截取测试结果。

（2）在客户端 PC1 的终端中输入：ftp 192.168.1.251，使用 Student_A 账户和密码登录 FTP 服务器，测试相关的权限，并截取测试结果。

（3）在客户端 PC1 的终端中输入：ftp 192.168.1.251，使用 Secretary 账户和密码登录 FTP 服务器，测试相关的权限，并截取测试结果。

（4）在客户端 PC1 的终端中输入：ftp 192.168.1.251，使用 Assistant 账户和密码登录 FTP 服务器，测试相关的权限，并截取测试结果。

（5）在客户端 PC1 的终端中输入：ftp 192.168.1.251，使用 President 账户和密码登录 FTP 服务器，测试相关的权限，并截取测试结果。

（6）在客户端 PC1 的终端中输入：ftp 192.168.1.251，使用 Soft_center 账户和密码登录 FTP 服务器，测试相关的权限，并截取测试结果。

（7）在客户端 PC1 的终端中输入：ftp 192.168.1.251，使用 Download 账户和密码登录 FTP 服务器，测试相关的权限，并截取测试结果。

项目 10　部署企业的 Squid 服务

［学习目标］
（1）了解 Squid 的基本概念。
（2）掌握 Squid 代理服务器的安装配置。
（3）掌握企业 Squid 应用的部署业务实施流程。

 项目描述

　　Jan16 公司使用了路由器 NAT 技术实现了公司内部主机上网的需求。经过一段时间的监控，运维工程师发现，使用路由器 NAT 的方式连接互联网仍然存在一定的风险，局域网内的主机上网时还是有可能暴露或遭受黑客攻击。并且，运维工程师发现，局域网内部主机访问 Web 服务器时速度缓慢。经过商议，公司希望运维工程师能尽快解决这些问题。公司的网络拓扑如图 10-1 所示。

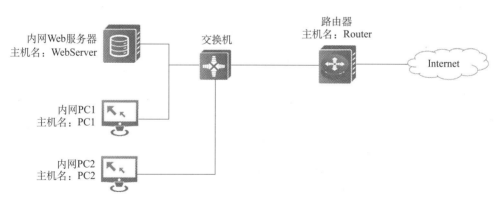

图 10-1　公司的网络拓扑

公司各设备的配置信息如表 10-1 所示。

表 10-1　公司各设备的配置信息

设备名	主机名	操作系统	IP 地址	接口
内网 Web 服务器	WebServer	Kylin v10	192.168.1.20/24	ens34
内网 PC1	PC1	Kylin v10	192.168.1.10/24	ens34
内网 PC2	PC2	Kylin v10	192.168.2.10/24	ens34

（续表）

设备名	主机名	操作系统	IP 地址	接口
路由器	Router	Kylin v10	192.168.1.1/24	ens34
			DHCP	ens33

项目分析

　　在本项目中，需要解决公司主机安全上网及局域网内部主机加速访问 Web 服务器的问题。这两个问题可以通过部署 Squid 代理服务进行解决。Squid 是一种 Web 的缓存代理服务，支持 HTTP、HTTPS 和 FTP 等协议，它可以通过缓存和重用经常请求的网页来减少带宽消耗并缩短响应时间。另外，Squid 具有访问控制的功能，能为内网主机提供有效的安全访问控制，从而整体提升局域网的安全性。

　　综上所述，本项目需要完成如下几个任务。

　　（1）部署企业的正向代理服务器，实现内网 PC 通过代理服务器上网。

　　（2）设置企业 Squid ACL 规则，提高内网安全性。

　　（3）部署企业的反向代理服务器，实现内网 PC 加速访问 Web 服务器。

相关知识

10.1　Squid

　　Squid 是一个缓存 Internet 数据的软件，其接收用户的下载申请，并自动处理所下载的数据。当一个用户想要下载一个主页时，可以向 Squid 发出一个申请，Squid 代替其进行下载，然后 Squid 连接所申请的网站并请求该主页，接着把该主页传给用户并保留一个备份文件，当别的用户申请同样的页面时，Squid 把保存的备份文件立即传给用户，大大提高了访问效率。Squid 可以代理 HTTP、FTP、Gopher、SSL 和 WAIS 等协议，可以自动进行处理。用户可以根据自己的需求设置 Squid，实现按需过滤的功能。

　　按照代理类型的不同，可以将 Squid 代理分为正向代理和反向代理。在正向代理中，根据实现方式的不同，又可以分为普通代理和透明代理。

10.2　Squid 服务的工作流程

　　当 Squid 代理服务器中有客户端需要的数据时，主要包含以下工作流程：

（1）客户端向 Squid 代理服务器发送数据请求。

（2）Squid 代理服务器检查自己的数据缓存。

（3）Squid 代理服务器在缓存中找到了客户端想要的数据，取出数据。

（4）Squid 代理服务器将从缓存中取得的数据发送给客户端。

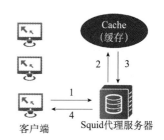

图 10-2　Squid 服务的工作流程
（Squid 代理服务器中有客户端需要的数据）

Squid 代理服务器中有客户端需要的数据时，Squid 服务的工作流程如图 10-2 所示。

当 Squid 代理服务器中没有客户端需要的数据时，主要包含以下工作流程：

（1）客户端向 Squid 代理服务器发送数据请求。

（2）Squid 代理服务器检查自己的数据缓存。

（3）Squid 代理服务器在缓存中没有找到客户端想要的数据。

（4）Squid 代理服务器向 Internet 上的远端服务器发送数据请求。

（5）远端服务器响应，返回相应的数据。

（6）Squid 代理服务器取得远端服务器发送的数据，发送给客户端，并保留一份到自己的数据缓存中。

当 Squid 代理服务器中没有客户端需要的数据时，Squid 服务的工作流程如图 10-3 所示。

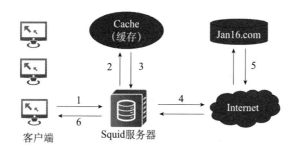

图 10-3　Squid 服务的工作流程（Squid 代理服务器中没有客户端需要的数据）

10.3　正向代理

正向代理服务器是一台位于客户端和真实（目标）服务器之间的服务器（Squid 代理服务器）。客户端必须先进行一些必要设置（必须知道 Squid 代理服务器的 IP 地址和端口号），将每次请求先发送给 Squid 代理服务器，Squid 代理服务器将请求转发给目标服务器并取得响应结果后，返回给客户端。

简单来说，就是 Squid 代理服务器代替客户端去访问目标服务器（隐藏客户端）。

正向代理的主要作用如下所述。

（1）绕过无法访问的结点，从另一条路由路径对目标服务器进行访问。

（2）加速访问，通过不同的路由路径来提高访问速度（现在通过带宽的提高等方式，基本不用此方式提速）。

（3）缓存作用，数据缓存在 Squid 代理服务器中，若客户端请求的数据在缓存中，则不需要再去访问目标服务器。

（4）权限控制，防火墙授权 Squid 代理服务器访问权限，客户端通过正向代理可以通过防火墙（如一些公司采用的 ISA Server 权限判断）。

（5）隐藏访问者，通过配置，目标服务器只能获得 Squid 代理服务器的信息，无法获取真实访问者的信息。

10.4　反向代理

反向代理与正向代理正好相反，对客户端而言，反向代理服务器就像后端服务器，并且客户端不需要进行任何特别的设置。客户端向反向代理服务器发送普通请求，接着反向代理服务器将根据对应的算法判断向哪一台后端服务器转发请求，转发完成后将获得的响应结果返回给客户端。

简单来说，就是 Squid 代理服务器代替目标服务器去接收并返回客户端的请求（隐藏目标服务器）。

反向代理的主要作用如下所述。

（1）隐藏目标服务器，防止服务器被恶意攻击等，让客户端认为 Squid 代理服务器就是目标服务器。

（2）缓存作用，将目标服务器数据进行缓存，减少目标服务器的访问压力。

10.5　正向代理和反向代理的区别

虽然正向代理服务器和反向代理服务器所处的位置都是客户端和真实服务器之间，所做的事情也都是把客户端的请求转发给服务器，再把服务器的响应结果转发给客户端，但是二者之间还是有一定的差异的。

（1）正向代理其实是客户端的代理，帮助客户端访问其无法访问的服务器资源。反向代理则是服务器的代理，帮助服务器做负载均衡、安全防护等。

（2）正向代理一般是客户端架设的，如在自己的机器上安装一个代理软件。而反向代理一般是服务器架设的，如在自己的机器集群中部署一个反向代理服务器。

（3）在正向代理中，服务器不知道真正的客户端到底是谁，认为对本机发起访问的就是真实的客户端。而在反向代理中，客户端不知道真正的服务器是谁，认为本机访问的就是真实的后端服务器。

（4）正向代理和反向代理的作用和目的不同。正向代理主要用来解决访问限制问题。而反向代理则提供负载均衡、安全防护等作用。

10.6　透明代理

透明代理缓冲服务和标准的 Squid 代理服务器的功能完全相同。但是，代理操作对客户端的浏览器是透明的（不需指明 Squid 代理服务器的 IP 地址和端口），一般搭建在网络出口的地方。透明代理服务器阻断网络通信，并且过滤出访问外部的 HTTP（80 端口号）流量。若客户端的请求在本地有缓存数据，则将缓存数据直接发给用户；若在本地没有缓缓存数据，则向远程 Web 服务器发出请求；其余操作和标准的 Squid 代理服务器完全相同。对于 Linux 来说，透明代理使用 iptables 或者 ipchains 来实现。因为不需要对浏览器做任何设置，所以，透明代理对 ISP（互联网服务提供商）特别重要。

10.7　Squid ACL

Squid 提供了强大的代理控制机制，通过合理设置 ACL（Access Control List，访问控制列表）并进行限制，可以针对源 IP 地址、目标 IP 地址、访问的 URL 路径和访问的时间等各种条件进行过滤。

1. ACL 访问控制的步骤

（1）使用配置项 acl 来定义需要控制的条件。

（2）通过配置项 http_access 对已定义的列表进行【允许】或【拒绝】访问的控制。

（3）Squid 使用 allow-deny-allow-deny 的顺序套用规则，在进行规则匹配时，若所有的访问控制列表没有进行相关规则的定义，而最后一条规则为 deny，则 Squid 默认的下一条处理规则为 allow，即采用与最后一条规则相反的权限，最后反而让被限制的用户可以对服务或网络进行访问。所以在进行 ACL 限制时，为了避免出现找不到相匹配规则的情况，一般设置最后一条规则永远都为 http_access deny all，并且源 IP 地址为 0.0.0.0。

2. ACL 用法概述

（1）定义 ACL，格式如下：

```
acl 列表名称 列表类型 列表内容…
```

（2）常见的 ACL 列表类型如表 10-2 所示。

表 10-2　常见的 ACL 列表类型

列表类型	含　义
src	源 IP 地址
dst	目的 IP 地址
port	目标端口
dstdomain	目标域
time	访问时间
maxconn	最大并发连接数
url_regex	目标 URL 地址
urlpath_regex	整个目标 URL 路径（具体到某一页面）

3. ACL 访问控制

（1）在定义好各类访问控制列表后，需要使用配置项 http_access 进行控制，格式如下：

```
http_access allow/deny 列表名…
```

（2）在每条 http_access 规则中，可以同时包含多个访问控制列表名，各个访问控制列表名之间使用空格隔开，相当于 and 的关系，表示必须满足所有访问控制列表对应的条件才会进行限制。

10.8　Squid 服务常用配置文件及解析

Squid 服务的所有设置都包含在主配置文件 /etc/squid/squid.conf 内，通过主配置文件的参数可以实现 Squid 代理服务器的绝大部分功能，如 ACL、正向代理、反向代理和透明代理等。

主配置文件 /etc/squid/squid.conf 的部分输出如下：

```
#
# Recommended minimum configuration:
#

# Example rule allowing access from your local networks.
# Adapt to list your (internal) IP networks from where browsing
# should be allowed
acl localnet src 0.0.0.1-0.255.255.255      # RFC 1122 "this" network (LAN)
```

```
acl localnet src 10.0.0.0/8        # RFC 1918 local private network (LAN)
acl localnet src 100.64.0.0/10     # RFC 6598 shared address space (CGN)
acl localnet src 169.254.0.0/16    # RFC 3927 link-local (directly plugged)
machines
acl localnet src 172.16.0.0/12     # RFC 1918 local private network (LAN)
acl localnet src 192.168.0.0/16    # RFC 1918 local private network (LAN)
acl localnet src fc00::/7          # RFC 4193 local private network range
acl localnet src fe80::/10         # RFC 4291 link-local (directly plugged)
machines

acl SSL_ports port 443
acl Safe_ports port 80       # http
acl Safe_ports port 21       # ftp
acl Safe_ports port 443      # https
【... 省略显示部分内容 ...】
http_access allow localnet
http_access allow localhost

# And finally deny all other access to this proxy
http_access deny all

# Squid normally listens to port 3128
http_port 3128

# Uncomment and adjust the following to add a disk cache directory.

#cache_dir ufs /var/spool/squid 100 16 256

# Leave coredumps in the first cache dir
coredump_dir /var/spool/squid

#
# Add any of your own refresh_pattern entries above these.
#
refresh_pattern ^ftp:        1440    20%    10080
refresh_pattern ^gopher:     1440    0%     1440
refresh_pattern -i (/cgi-bin/|\?) 0 0%    0
refresh_pattern .                    0      20%     4320
```

　　主配置文件的常用参数及解析如表 10-3 所示。

表 10-3　主配置文件的常用参数及解析

参　数	解　析
acl all src 0.0.0.0/0.0.0.0	允许所有 IP 地址访问
acl manager proto http	manager URL 协议为 HTTP 协议
acl localhost src 127.0.0.1/255.255.255.255	允许本机 IP 地址访问 Squid 代理服务器
acl to_localhost dst 127.0.0.1	允许目的 IP 地址为本机 IP 地址
acl Safe_ports port 80	允许安全更新的端口为 80 端口
acl CONNECT method CONNECT	请求方法为 CONNECT
acl OverConnLimit maxconn 16	限制每个 IP 地址最多允许 16 个连接
icp_access deny all	禁止从邻居服务器缓存发送和接收 ICP 请求
miss_access allow all	允许直接更新请求
ident_lookup_access deny all	禁止 lookup 检查 DNS
http_port 8080 transparent	指定 Squid 监听浏览器客户端请求的端口号
fqdncache_size 1024	FQDN 高速缓存大小
maximum_object_size_in_memory 2 MB	允许文件载入内存的最大值
memory_replacement_policy heap LFUDA	内存替换策略
max_open_disk_fds 0	设置 Squid 缓存最大打开文件数量，参数为 0 代表无限制
minimum_object_size 1 KB	设置 Squid 缓存允许最小文件的大小
maximum_object_size 20 MB	设置 Squid 缓存允许最大文件的大小
cache_swap_high 95	最多允许使用交换分区缓存的 95%
access_log /var/log/squid/access.log squid	定义日志存放记录的路径
cache_store_log none	禁止 store 日志
icp_port 0	指定 Squid 从邻居服务器缓存发送和接收 ICP 请求的端口号
coredump_dir /var/log/squid	定义 dump 的目录
ignore_unknown_nameservers on	开启 DNS 查询，当域名地址不相同时，禁止访问
always_direct allow all	当缓存丢失或不存在时，允许所有请求直接转发给真实服务器

扫一扫，
看微课

任务 10-1　部署企业的正
向代理服务器

任务 10-1　部署企业的正向代理服务器

▶ 任务规划

　　Squid 正向代理服务能较好地保护和隐藏内网的 IP 地址，在本任务中需要在 Router 路由器上实现 Squid 正向代理服务。为此，运维工程师规划了如表 10-4 所示的内容。

表 10-4　Squid 正向代理服务的配置规划

设备名称	代理类型	监听端口	访问限制
Router	正向代理	3128	允许所有

本任务可以通过以下步骤来实现。

（1）部署和配置 Squid 服务。

（2）启动 Squid 服务。

▶ 任务实施

1. 部署和配置 Squid 服务

（1）在 Router 路由器上使用【yum】命令安装 Squid 服务。代码如下：

```
[root@Router ~]# yum -y install squid
```

（2）在 Router 路由器上修改 Squid 服务的主配置文件。Squid 服务的主配置文件的名称为 /etc/squid/squid.conf。在主配置文件中，需要修改 http_port 的端口为 3128，并配置 http_access 允许的范围为 all。代码如下：

```
[root@Router ~]# vim /etc/squid/squid.conf
http_port 3128
http_access allow all
```

2. 启动 Squid 服务

在 Squid 服务的主配置文件修改完成后，需要启动 Squid 服务，并设置为开机自动启动。代码如下：

```
[root@Router ~]# systemctl restart squid
[root@Router ~]# systemctl enable squid
```

▶ 任务验证

（1）在 Router 路由器上，使用【systemctl】命令来查看 Squid 服务的状态。代码如下：

```
[root@Router ~]# systemctl status squid
• squid.service - Squid caching proxy
  Loaded: loaded (/usr/lib/systemd/system/squid.service; enabled; vendor prese>
```

```
   Active: active (running) since Tue 2021-12-28 14:15:19 CST; 7s ago
  Process: 15927 ExecStartPre=/usr/libexec/squid/cache_swap.sh (code=exited, st>
  Process: 15932 ExecStart=/usr/sbin/squid $SQUID_OPTS -f $SQUID_CONF (code=exi>
 Main PID: 15934 (squid)
    Tasks: 3
   Memory: 12.9M
   CGroup: /system.slice/squid.service
           ├─15934 /usr/sbin/squid -f /etc/squid/squid.conf
           ├─15936 (squid-1) --kid squid-1 -f /etc/squid/squid.conf
           └─15937 (logfile-daemon) /var/log/squid/access.log
```

（2）在内网 PC1 的浏览器上配置连接设置，配置访问互联网的 Squid 代理服务器为手动代理配置，HTTP 代理的 IP 地址为 192.168.1.1，端口为 3128，如图 10-4 所示。

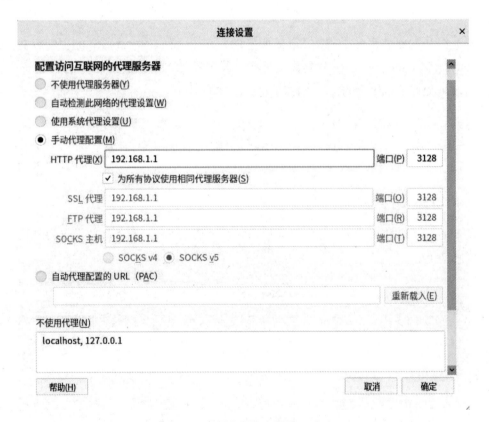

图 10-4　在浏览器内配置代理地址

（3）在内网 PC1 上配置完成后，使用浏览器访问百度网站，可以正常访问，如图 10-5 所示。

图 10-5 内网 PC1 成功访问百度网站

扫一扫，
看微课

任务 10-2 设置企业 Squid ACL 规则

任务 10-2 设置企业
Squid ACL 规则

▶ 任务规划

为了提高内网的安全性，运维工程师计划使用 Squid 的 ACL 功能对客户端的网络行为进行限制。Squid 的 ACL 规则的规划如表 10-5 所示。

表 10-5 Squid 的 ACL 规则的规划

设备名称	限制规则
Router	禁止用户通过域名访问百度网站
	禁止在 192.168.2.0/24 网段内的所有终端在星期一到星期五的 9：00 到 18：00 访问 Internet 资源

本任务的实施步骤如下所示。

（1）配置 Squid 服务。

（2）重启 Squid 服务。

▶ 任务实施

1. 配置 Squid 服务

在 Squid 服务的主配置文件中，按照规划内容写入 ACL 规则，在文件中，每条 ACL

规则对应一个 http_access 声明。代码如下：

```
[root@Router ~]# vim /etc/squid/squid.conf
acl badurl url_regex -i baidu.com
acl clientnet src 192.168.2.0/24
acl worktime time MTWHF 9:00-18:00
http_access deny badurl
http_access deny clientnet worktime
## 一条ACL规则的默认语法格式为 acl [ACL_Name] [time] [day-abbrevs] [h1:m1-h2:m2]
## 其中，day-abbrevs 可以为 M、T、W、H、F、A、S，代表星期一至星期日
```

2. 重启 Squid 服务

在 Router 路由器上再次重启 Squid 代理服务。代码如下：

```
[root@Router ~]# systemctl restart squid
```

▶ 任务验证

（1）在内网 PC2 的浏览器上，配置访问互联网的 Squid 代理服务器为手动代理配置，HTTP 代理的 IP 地址为 192.168.1.1，端口为 3128，如图 10-6 所示。

图 10-6　在浏览器内配置 Squid 代理服务器地址

（2）在内网 PC1 上尝试通过域名访问百度网站，若禁止用户通过域名访问百度网站的 ACL 规则生效，则会提示【代理服务器拒绝连接】，如图 10-7 所示。

图 10-7　内网 PC1 无法访问百度网站

（3）在内网 PC2 上使用 Squid 代理服务器上网，在星期一至星期五均无法上网，提示【代理服务器拒绝连接】，则说明针对 192.168.2.0/24 网段的 ACL 规则应用成功，如图 10-8 所示。

图 10-8　内网 PC2 无法在规定时间内访问 Internet 资源

任务 10-3　部署企业的反向代理服务器

扫一扫，
看微课

任务 10-3　部署企业的反
向代理服务器

▶ 任务规划

Squid 服务的反向代理功能可以减轻内网 Web 服务器的负担，在本任务中需要部署企业的 Squid 反向代理服务，使客户端可以通过访问 Squid 代理服务器的 IP 地址即可浏览内网 Web 服务器提供的网站内容。Squid 反向代理配置规划如表 10-6 所示。

表 10-6　Squid 反向代理配置规划

设备名称	代理类型	监听端口	代理后端	代理响应方式
Router	反向代理	80	192.168.1.20/24	no-query

在本任务中，需要完成如下内容。

（1）配置 Squid 服务，实现反向代理。

（2）重启 Squid 服务，使反向代理的配置生效。

▶ 任务实施

1. 配置 Squid 服务

修改 Squid 代理服务器的主配置文件。代码如下：

```
[root@Router ~]# vim /etc/squid/squid.conf
http_port 80 vhost vport          # 监听的端口
cache_peer 192.168.1.20 parent 80 0 no-query originserver
## 在文件中，关键字的配置注释如下
##cache_peer：用于设置反向代理的后端 IP 地址
##parent：用于配置反向代理监听的端口
##no-query：用于设置反向代理的响应方式为不做查询操作，直接获取后端数据
##originserver：使此服务器作为源服务器进行解析
```

2. 重启 Squid 服务

（1）检查配置文件是否出错，并重新加载配置。代码如下：

```
[root@Router ~]# squid -kcheck
[root@Router ~]# squid -krec
```

（2）重启 Squid 服务。代码如下：

```
[root@Router ~]# systemctl restart squid
```

► 任务验证

（1）在内网 PC1 上打开浏览器，访问内网 Web 服务器地址【192.168.1.20】，访问内网 Web 站点的内容，如图 10-9 所示。

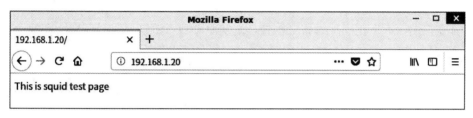

图 10-9　内网 PC1 访问内网 Web 站点

（2）在内网 PC1 上配置 Squid 代理服务完成后，重启浏览器，然后访问代理服务器地址【192.168.1.1】，同样能访问内网 Web 站点，如图 10-10 所示。

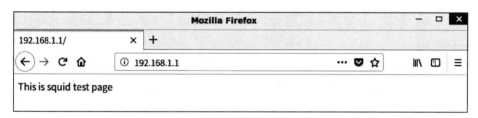

图 10-10　内网 PC1 通过代理服务器访问内网 Web 站点

一、理论习题

1. Squid 代理支持如下哪些协议？（　　　）

A. Samba　　　　　　B. NFS　　　　　　　C. HTTPS

2. 系统管理员在某服务器的配置文件中写入了如下的 Squid 服务配置项，配置项正确的是（　　　）。

A. http_port 3128　　　　　　　　B. acl aaa src 192.168.11.0/24

C. acl bbb time MTWHFS 10:00-18:00　　D. http_access deny aaa bbb

3. 当 Squid 代理服务器检查缓存后发现没有客户端请求的数据时，如下的工作流程排序正确的是（　　）。

a. Squid 代理服务器向 Internet 上的远端服务器发送数据请求；

b. 远端服务器响应，返回相应的数据；

c. Squid 代理服务器取得远端服务器发送的数据，发送给客户端，并保留一份到自己的数据缓存中。

A. bac   B. acb   C. abc   D. bca

4. Squid 的正向代理服务与反向代理服务的说法正确的是（　　）。

A. 反向代理服务器是一个位于客户端和真实服务器之间的服务器

B. 对客户端而言，正向代理服务器像是真实服务器，不需要进行任何特别的设置

C. 正向代理服务的作用是隐藏真实服务器，防止服务器被恶意攻击等

D. 正向代理服务具有缓存作用和权限控制功能

二、项目实训题

1. 项目描述与需求

Jan16 公司的网络拓扑如图 10-11 所示。在公司的网络拓扑中划分 VLAN 11 和 VLAN 12 两个网段，网络地址分别为 172.20.0.0/24 和 172.21.0.0/24。公司规划在路由器上部署 Squid 代理服务实现公司内网 PC 通过代理服务上网，同时能快速地访问内网 Web 服务器。

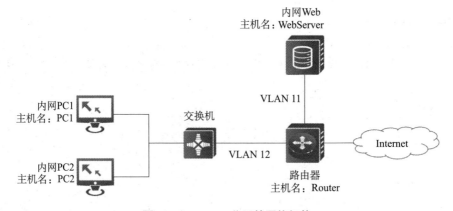

图 10-11　Jan16 公司的网络拓扑

2. 项目要求

（1）根据公司的网络拓扑来分析网络需求，然后将相关规划信息填入表 10-7，并按照规划配置各主机，实现全网互联。

表 10-7　IP 地址及端口规划表

设备名	主机名	IP 地址 / 子网掩码	端口	网关

（2）配置路由器设备，使用 Squid 正向代理的方式来实现内网 PC 能通过代理服务上网。正向代理服务监听的端口为 6555 端口。截取两台内网 PC 通过代理服务能访问外网中的必应网站的显示结果。

（3）配置内网 Web 服务器，将站点相关配置信息填入表 10-8，然后创建一个 Web 站点。截取在内网 PC1 上执行【time curl http://localhost】命令的显示结果。

表 10-8　Web 站点的配置信息

配置名称	配置信息
监听端口	
站点目录	
站点内容	

（4）配置路由器，使用 Squid 反向代理的方式来实现内网 PC 加速访问 Web 站点。在设置内网 PC2 时禁止通过 Squid 代理服务器来访问 Web 站点。分别截取在内网 PC1 上执行【time curl http://[Web 站点的 IP 地址]】命令的显示结果和在内网 PC2 上通过浏览器访问 Web 站点的显示结果。

项目 11　部署企业的邮件服务

[学习目标]

（1）掌握 POP3 和 SMTP 服务的概念与应用。

（2）掌握电子邮件系统的工作原理与应用。

（3）掌握 Postfix 邮件服务产品和 Dovecot 邮件服务产品的部署与应用。

（4）掌握企业网邮件服务的部署业务实施流程。

项目描述

Jan16 公司员工早期都是使用个人邮箱与客户沟通的，由于公司员工岗位变动，客户再通过原邮件地址同公司联系时，因原员工离职，往往造成沟通不畅，这将导致客户体验度降低甚至流失客户。为此，公司期望部署企业邮件系统，统一邮件服务地址，实现岗位与企业邮件系统的对接，确保人事变动不影响客户与公司的沟通。

公司邮件服务的网络拓扑如图 11-1 所示。

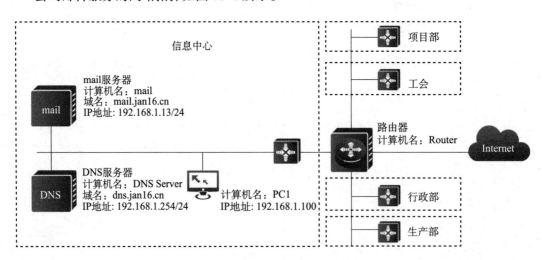

图 11-1　公司邮件服务的网络拓扑

项目分析

电子邮件服务需要在服务器上安装电子邮件服务的角色和功能，目前被广泛采用的电子邮件服务产品有 WinWebMail、Microsoft Exchange、Microsoft POP3 和 SMTP 等。

电子邮件需使用域名进行通信，该服务需要 DNS 服务的支持。因此，运维工程师可以在 Kylin 系统服务器上安装 Postfix 服务和 Dovecot 服务，并在 DNS 服务器上申请邮件域名的主机记录，即可搭建一个简单的邮件服务。

综上所述，本项目需要完成如下几项任务。

（1）部署及配置 Postfix 邮件发件服务，实现邮件服务器的发件功能。

（2）部署及配置 Dovecot 邮件收件服务，实现邮件服务器的收件功能。

（3）申请邮件域名的主机记录，实现客户端通过域名使用邮件服务。

相关知识

电子邮件服务是互联网重要的服务之一，几乎所有的互联网用户都有自己的邮件地址。电子邮件服务可以实现用户之间的交流与沟通，甚至实现身份验证、电子支付等，大部分 ISP（互联网服务提供商）均提供了免费的邮件服务功能。电子邮件服务基于 POP3、IMAP 和 SMTP 协议工作。

11.1　POP3、SMTP 与 IMAP

1. POP3 协议

POP3（Post Office Protocol Version 3，邮局协议版本 3）工作在应用层，主要用于支持使用客户端远程管理邮件服务器上的电子邮件。用户调用邮件客户端程序（如 Microsoft Outlook Express）连接到邮件服务器，它会自动下载所有未阅读的电子邮件，并将邮件从邮件服务器存储到本地计算机中，以便用户"离线"处理邮件。

2. SMTP 协议

SMTP（Simple Mail Transfer Protocol，简单邮件传输协议）工作在应用层，它基于 TCP 协议提供可靠的数据传输服务，把邮件消息从发件人的邮件服务器传送到收件人的邮件服务器中。

电子邮件系统在发邮件时是根据收件人的地址后缀来定位目标邮件服务器的，SMTP 服务器是基于 DNS 服务中的邮件交换（MX）记录来确定路由的，然后通过邮件传输代理程序将邮件传送到目的地。

3. IMAP 协议

IMAP（Interactive Mail Access Protocol，交互邮件访问协议）是应用层协议，运行在 TCP/IP 协议之上，未加密时使用 143 端口，加密时使用 993 端口。它的主要作用是使客户端通过该协议从邮件服务器上获取邮件信息、下载邮件等。用户不用把所有的邮件全部下载，可以通过客户端直接对邮件服务器上的邮件进行操作。

4. POP3 协议和 SMTP 协议的区别与联系

POP3 协议允许客户端下载邮件服务器上的邮件，但是在客户端的操作（如移动邮件、标记已读等）不会反馈到邮件服务器上。例如，通过客户端收取了邮箱中的三封邮件并移动到其他文件夹中，邮箱服务器上的这些邮件是没有同时被移动的。

SMTP 协议控制如何传送电子邮件，是一组用于从源地址到目的地址传输邮件的规则，它帮助计算机在发送或中转电子邮件时找到下一个目的地，然后通过 Internet 将其发送到目的服务器。SMTP 服务器就是遵循 SMTP 协议的发送邮件服务器。

SMTP 协议实现在服务器之间发送和接收电子邮件，而 POP3 协议实现了电子邮件从邮件服务器存储到用户的计算机中。

5. POP3 协议和 IMAP 协议的区别与联系

IMAP 协议和 POP3 协议是邮件访问十分普遍的 Internet 标准协议。现代的邮件客户端和服务器都对两者给予支持。与 POP3 协议类似，IMAP 协议也是提供面向用户的邮件收取服务。常用的版本是 IMAP4。

IMAP4 协议改进了 POP3 协议的不足，用户可以通过浏览信件头来决定是否收取、删除和检索邮件的特定部分，还可以在服务器上创建或更改文件夹或邮箱。它除了支持 POP3 协议的脱机操作模式，还支持联机操作模式和断连接操作模式。它为用户提供了有选择的从邮件服务器接收邮件的功能、基于服务器的信息处理功能和共享邮箱功能。IMAP4 协议的脱机操作模式不同于 POP3 协议的脱机操作模式，它不会自动删除在邮件服务器上已取出的邮件，其联机模式和断连接模式也是将邮件服务器作为"远程文件服务器"进行访问，更加灵活方便。IMAP4 协议支持多个邮箱。

IMAP4 协议的这些特性非常适合在不同的计算机或终端之间操作邮件的用户（如可以在手机、PAD、PC 上的邮件代理程序中操作同一个邮箱），以及那些同时使用多个邮箱的用户。

11.2 电子邮件系统及其工作原理

1. 电子邮件系统概述

电子邮件系统由三个组件组成：POP3 电子邮件客户端、SMTP 服务及 POP3 服务。

电子邮件系统组件的描述如表 11-1 所示。

表 11-1　电子邮件系统组件的描述表

组　件	描　述
POP3 电子邮件客户端	POP3 电子邮件客户端是用于读取、撰写和管理电子邮件的软件。 POP3 电子邮件客户端从邮件服务器检索电子邮件，并将其传送到用户的本地计算机上，然后由用户进行管理。例如，Microsoft Outlook Express 就是一种支持 POP3 协议的电子邮件客户端
SMTP 服务	SMTP 服务是使用 SMTP 协议将电子邮件从发件人路由传送给收件人的电子邮件传输服务。 POP3 服务使用 SMTP 服务作为电子邮件传输系统。用户在 POP3 电子邮件客户端撰写电子邮件。然后，当用户通过 Internet 或网络连接来连接邮件服务器时，SMTP 服务将提取电子邮件，并通过 Internet 将其传送到收件人的邮件服务器中
POP3 服务	POP3 服务是使用 POP3 协议将电子邮件从邮件服务器上下载到用户本地计算机中的电子邮件检索服务。 用户电子邮件客户端和电子邮件服务器之间的连接，是由 POP3 协议控制的

2. 电子邮件系统的工作原理

下面以图 11-2 所示的案例为背景，具体说明电子邮件系统的工作原理。

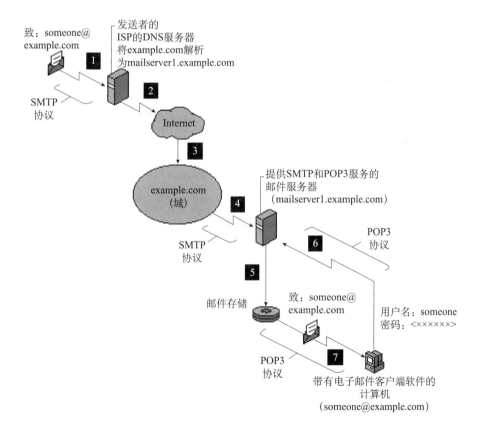

图 11-2　电子邮件系统案例

（1）用户通过电子邮件客户端将电子邮件发送到 someone@example.com。

（2）通过 SMTP 协议提取该电子邮件，并通过域名 example.com 获知该域的邮件服务器域名为 mailserver1.example.com，然后将该邮件发送到 Internet，目标地址为 mailserver1. example.com。

（3）电子邮件发送给 mailserver1.example.com 邮件服务器，该服务器是运行 POP3 服务的邮件服务器。

（4）someone@example.com 的电子邮件由 mailserver1.example.com 邮件服务器接收。

（5）mailserver1.example.com 邮件服务器将邮件转到邮件存储目录，每个用户有一个专门的存储目录。

（6）用户 someone 连接到运行 POP3 协议的邮件服务器，POP3 协议会验证用户 someone 的用户名和密码，然后决定接受或拒绝该连接。

（7）若连接成功，则用户 someone 所有的电子邮件将从邮件服务器上下载到该用户的本地计算机中。

11.3　Postfix 服务

Postfix 是一个功能强大但易于配置的邮件服务器。Postfix 由 Postfix RPM 软件包提供。它是一个由多个合作程序组成的模块化程序，每个小模块完成特定的功能，使得运维工程师可以灵活地组合这些模块。大多数的 Postfix 服务由一个进程统一进行管理，该进程负责在需要的时候调用其他进程，这个管理进程就是 master 进程。

1. Postfix 的邮件队列

Postfix 有 4 种不同的邮件队列，并且由队列管理进程统一进行管理。

（1）maildrop：本地邮件存储在 maildrop 中，同时也被拷贝到 incoming 中。

（2）incoming：放置正在到达或队列管理进程尚未发现的邮件。

（3）active：放置队列管理进程已经打开了并正准备投递的邮件，该队列有长度的限制。

（4）deferred：放置不能被投递的邮件。

队列管理进程仅仅在内存中保留 active 队列，并且对该队列的长度进行限制，这样做的目的是避免进程运行内存超过系统的可用内存。

Postfix 对邮件风暴的处理：当有新的邮件到达时，Postfix 进行初始化，初始化时 Postfix 同时只接受两个并发的连接请求。在邮件投递成功后，可以同时接受的并发连接数目就会缓慢地增长至一个可以配置的值。当然，若这时系统的消耗已到达系统不能承受的负载则会停止增长。还有一种情况是，若 Postfix 在处理邮件过程中遇到了问题，则该值会开始降低。

当接收到的新邮件的数量超过 Postfix 的投递极限值时，Postfix 会暂时停止投递 deferred 队列中的邮件而转去处理新接收到的邮件。这是因为处理新邮件的延迟要小于处理 deferred 队列中的邮件的延迟。Postfix 会在空闲时处理 deferred 队列中的邮件。

Postfix 对无法投递的邮件的处理：当一封邮件第一次不能成功投递时，Postfix 会给该邮件贴上一个将来的时间邮票。队列管理程序会忽略贴有将来时间邮票的邮件。当时间邮票到期时，Postfix 会尝试再对该邮件进行一次投递，若这次投递再次失败，则 Postfix 就给该邮件贴上一个两倍于上次投递时间的时间邮票，等时间邮票到期时再次进行投递，依次类推。当然，经过一定次数的尝试之后，Postfix 会放弃对该邮件的投递，返回一个错误信息给该邮件的发件人。

Postfix 对目的地不可到达的邮件的处理：Postfix 会在内存中保存一个有长度限制的当前不可到达的地址列表。这样就避免了对那些目的地为当前不可到达地址的邮件的投递尝试，从而大大提高了系统的性能。

2. Postfix 的安全性

Postfix 通过一系列的措施来提高系统的安全性，这些措施包括：

（1）动态分配内存，从而防止系统缓冲区溢出。

（2）把大邮件分割成几块进行处理，投递时再重组。

（3）Postfix 的各种进程不在其他用户进程的控制之下运行，而是运行在驻留主进程 master 的控制之下，与其他用户进程无父子关系，所以有很好的绝缘性。

（4）Postfix 的队列文件有其特殊的格式，只能被 Postfix 本身识别。

11.4　Dovecot 服务

Dovecot 是一个开源的 IMAP 和 POP3 邮件服务，支持 Linux/UNIX 系统。

POP3/IMAP 是客户端从邮件服务器中读取邮件时使用的协议。其中，POP3 是从邮件服务器中下载邮件，而 IMAP 则是将邮件留在邮件服务器中直接对邮件进行管理、操作。

Dovecot 使用 PAM 方式（Pluggable Authentication Module，可插拔认证模块）进行身份认证，以便识别并验证系统用户，通过验证的用户才允许从邮箱中收取邮件。对 RPM 方式安装的 Dovecot，会自动建立该 PAM 文件。

11.5　Postfix 服务常用文件及参数解析

Postfix 服务主要包括 4 个基本的配置文件，mail.cf 为 Postfix 的主配置文件，install.cf 文件包含安装过程中安装程序产生的 Postfix 初始化设置，master.cf 文件是 Postfix 的

master 进程的配置文件，该文件中的每行信息都是用来配置 Postfix 的组件进程的运行方式。postfix-script 文件内包含了 Postfix 命令，以便在 Linux 环境中安全地执行这些 Postfix 命令。

主配置文件 main.cf 中配置信息的格式为用等号连接参数和参数的值，如 myhostname=mail.jan16.cn，修改文件后，需要重新读取配置信息。main.cf 文件内常见参数及解析如表 11-2 所示。

表 11-2　main.cf 文件内常见参数及解析

参　数	解　析
myorigin	指定发件人所属域名
mydestination	指定收件人所属的域名，默认使用本地主机名
notify_classes	指定向 Postfix 管理员报告错误时的信息级别，默认值为 resource 和 software。 resource：将由于资源错误而不可投递的错误信息发送给 Postfix 管理员。 software：将由于软件错误而导致不可投递的错误信息发送给 Postfix 管理员
myhostname	myhostname 参数指定运行 Postfix 邮件系统的主机的名称
mydomain	指定本地邮件服务器的域名
mynetworks	指定本机所在的网络的网络地址，Postfix 服务根据该值来区别用户是远程用户还是本地用户
inet_interfaces	指定 Postfix 服务监听的网络接口，默认监听所有端口
home_mailbox = Maildir/	指定用户邮箱目录
relay_domains	设置邮件转发的地址
data_directory = /var/lib/postfix	存放缓存的位置
queue_directory= /var/spool/postfix	本地邮箱队列路径

11.6　Dovecot 服务常用文件及参数解析

1. Dovecot 主配置文件 /etc/dovecot/dovecot.conf

Dovecot 主配置文件内的常用参数及解析如表 11-3 所示。

表 11-3　Dovecot 主配置文件内的常用参数及解析

参　数	解　析
listen	监听的网段或主机地址，【*】代表监听所有的 IPv4 地址，【::】代表监听所有的 IPv6 地址
protocols	支持的协议类型
base_dir	默认存储数据的位置
instance_name	实例的名称
login_greeting	用户登录时提示的问候语
login_trusted_networks	允许的网络范围，不同网段之间用逗号进行分隔
shutdown_clients	当 Dovecot 主进程关闭时，是否终止所有进程
!include conf.d/*.conf	conf.d 目录下所有以 conf 结尾的文件均有效

2.Dovecot 认证配置文件 /etc/dovecot/conf.d/10-auth.conf

Dovecot 认证配置文件内的常用参数及解析如表 11-4 所示。

表 11-4　认证配置文件内的常用参数及解析

参　数	解　析
disable_plaintext_auth	是否禁止明文传输，默认值为 YES，代表启用密文传输
auth_cache_size	身份验证缓存大小，默认值为 0，代表禁用该功能
auth_cache_ttl	验证缓存的存活时间，默认为 1 小时
auth_username_translation	对验证的用户名称进行转义
auth_anonymous_username	设置用户匿名访问的用户的名称，默认值为 anonymous
auth_worker_max_count	设置最大的工作连接数，默认值为 30
auth_mechanisms	默认的认证机制，默认值为仅使用 plain 机制

3. 邮箱配置文件 /etc/dovecot/conf.d/10-mail.conf

邮箱配置文件内的常用参数及解析如表 11-5 所示。

表 11-5　邮箱配置文件内的常用参数及解析

参　数	解　析
mail_location	指定邮件存放的位置
inbox	是否只能拥有一个收件箱
first_valid_uid	首个有效的 UID
first_valid_gid	首个有效的 GID
mail_plugins	指定邮件服务的插件列表

4. master 组件配置文件 /etc/dovecot/conf.d/10-master.conf

master 组件配置文件格式如下：

```
配置项 {
参数：值
参数：值
}
```

5. Dovecot 中的全局变量

Dovecot 中的全局变量名称及描述如表 11-6 所示。

表 11-6　Dovecot 中的全局变量名称及描述

变量名称	描　述
env：<名称>	环境变量 <名称>

（续表）

变量名称	描　述
uid	当前进程的有效 UID，注意：对邮件服务用户使用变量，当前配置会被覆盖
gid	当前进程的有效 GID，注意：对邮件服务用户使用变量，当前配置会被覆盖
pid	当前进程的 PID（例如，登录进程或 IMAP / POP3 进程）
主机名	主机名（无域）。可以用 DOVECOT_HOSTNAME 环境变量覆盖

扫一扫，
看微课

任务 11-1　部署及配置
Postfix 邮件发件服务

任务 11-1　部署及配置 Postfix 邮件发件服务

▶ 任务规划

根据公司邮件服务网络拓扑规划，在公司邮件服务器上部署 Kylin 系统的 Postfix 服务，实现邮件服务的部署。

使用 Kylin 系统的 Postfix 服务部署公司邮件服务，具体需要以下几个步骤。

（1）在邮件服务器上安装 Postfix 服务。

（2）配置邮件服务器，并创建用户。

▶ 任务实施

（1）设置本机的主机名为 mail.jan16.cn。代码如下：

```
[root@mail ~]# hostnamectl set-hostname mail.jan16.cn
[root@mail ~]# bash
[root@mail ~]# hostname
mail.jan16.cn
```

（2）修改 /etc/hosts 文件，使用本地的方式解析域名。代码如下：

```
[root@mail ~]# vim /etc/hosts
127.0.0.1          localhost localhost.localdomain localhost4 localhost4.
localdomain4
::1                localhost localhost.localdomain localhost6 localhost6.
localdomain6
192.168.1.13 mail.jan16.cn
```

（3）安装 Postfix 服务，使用【yum】命令进行包的下载、安装。同时使用【rpm】命令验证系统上有没有其他邮件服务在运行，如 sendmail，如果没有就卸载。代码如下：

```
[root@mail ~]# yum -y install postfix
[root@mail ~]# rpm -qa | grep sendmail
```

（4）启动 Postfix 服务，并设置服务为开机自动启动，检查 Postfix 服务状态。代码如下：

```
[root@mail ~]# systemctl start postfix
[root@mail ~]# systemctl enable postfix

[root@mail ~]# systemctl status postfix
● postfix.service - Postfix Mail Transport Agent
  Loaded: loaded (/usr/lib/systemd/system/postfix.service; enabled; vendor pre>
  Active: active (running) since Tue 2021-12-28 15:36:07 CST; 1min 26s ago
 Main PID: 17127 (master)
   Tasks: 3
  Memory: 4.4M
  CGroup: /system.slice/postfix.service
          ├─17127 /usr/libexec/postfix/master -w
          ├─17128 pickup -l -t unix -u
          └─17129 qmgr -l -t unix -u
【... 省略以下部分输出 ...】
```

（5）修改 Postfix 邮件服务器的主配置文件 main.cf，修改对应的主机名和域名，监听任意端口和协议，允许的网段为 192.168.1.0/24 和 127.0.0.0/8。代码如下：

```
[root@mail ~]# vim /etc/postfix/main.cf
myhostname = mail.jan16.cn
mydomain = jan16.cn
myorigin = $mydomain
inet_interfaces = all
inet_protocols = all
#mydestination = $myhostname, localhost.$mydomain, localhost // 在配置文件内注释该
内容
mydestination = $myhostname, localhost.$mydomain, localhost, $mydomain
mynetworks = 192.168.1.0/24, 127.0.0.0/8
home_mailbox = Maildir/
```

（6）完成配置后，重启 Postfix 服务。代码如下：

```
[root@mail ~]# systemctl restart postfix
```

（7）创建用户 mail-1 和 mail-2，设置用户密码为 jan16@123。代码如下：

```
[root@mail ~]# useradd mail-1
[root@mail ~]# echo "jan16@123" | passwd --stdin mail-1
[root@mail ~]# useradd mail-2
[root@mail ~]# echo "jan16@123" | passwd --stdin mail-2
```

▶ 任务验证

使用 root 用户发送邮件给测试用户 mail-1，邮件内容为【this is test mail】。

（1）安装 telnet 服务，使用【yum】命令进行包的下载、安装。

```
[root@mail ~]# yum -y install telnet
```

（2）telnet 到本地的 25 端口。输出的结果表明与 Postfix 邮件服务器的连接正常。

```
[root@mail ~]# telnet localhost 25
Trying ::1...
Connected to localhost.
Escape character is '^]'.
220 mail.jan16.cn ESMTP Postfix
```

（3）输入命令【ehlo localhost】，该命令声明需要对自己进行身份验证。代码如下：

```
ehlo localhost
250-mail.jan16.cn
250-PIPELINING
250-SIZE 10240000
250-VRFY
250-ETRN
250-STARTTLS
250-ENHANCEDSTATUSCODES
250-8BITMIME
250-DSN
250 SMTPUTF8
```

（4）输入命令【mail from:<root>】，该命令声明邮件来源 email 地址。代码如下：

```
mail from:<root>
250 2.1.0 Ok
```

（5）输入命令【rcpt to:<mail-1>】，该命令声明邮件目的 email 地址。代码如下：

```
rcpt to:<mail-1>
250 2.1.5 Ok
```

（6）完成第（5）步的操作后，输入命令【data】就会自动进入邮件内容的编写，编写邮件内容【This is test mail】，邮件使用【.】表示邮件主体的结束。使用【quit】命令退出。

```
data
354 End data with <CR><LF>.<CR><LF>
This is test mail
.
250 2.0.0 Ok: queued as 22D101310FA8
quit
221 2.0.0 Bye
Connection closed by foreign host.
```

（7）完成邮件的编写和发送后，查看日志文件，邮件服务器的日志文件位于 /var/log/maillog 目录下。

```
[root@mail ~]# tail -f /var/log/maillog
【... 省略部分输出 ...】
Dec 28 16:49:22 localhost postfix/local[12596]: 22D101310FA8: to=<mail-1@jan16.
cn>, orig_to=<mail-1>, relay=local, delay=29, delays=29/0.01/0/0, dns=2.0.0,
status=sent (delivered to maildir) //邮件传输的源地址和目的地址
Dec 28 16:49:22 localhost postfix/qmgr[12550]: 22D101310FA8: removed
Dec 28 16:49:45 localhost postfix/smtpd[12564]: disconnect from localhost[::1]
ehlo=1 mail=1 rcpt=1 data=1 quit=1 commands=5 //断开与邮件服务器的连接
```

（8）使用【cd】命令切换到 mail-1 用户的家目录，Postfix 自动创建了 /Maildir 目录，使用【cat】命令即可查看邮件的内容。

```
[root@mail ~]# cd /home/mail-1/Maildir/new/
[root@mail new]# ll
总用量 4
-rw------- 1 mail-1 mail-1 391 12 月 28 16:49 1640681362.Vfd00I90ea3M584712.mail.jan16.cn
[root@mail new]# cat 1640681362.Vfd00I90ea3M584712.mail.jan16.cn
Return-Path: <root@jan16.cn>
X-Original-To: mail-1
```

```
Delivered-To: mail-1@jan16.cn
Received: from localhost (localhost [IPv6:::1])
        by mail.jan16.cn (Postfix) with ESMTP id 22D101310FA8
        for <mail-1>; Tue, 28 Dec 2021 16:48:53 +0800 (CST)
Message-Id: <20211228084902.22D101310FA8@mail.jan16.cn>
Date: Tue, 28 Dec 2021 16:48:53 +0800 (CST)
From: root@jan16.cn

This is test mail
```

扫一扫，
看微课

任务 11-2　部署及配置
Dovecot 邮件收件服务

任务 11-2　部署及配置 Dovecot 邮件收件服务

▶ 任务规划

根据公司邮件服务网络拓扑规划，在公司邮件服务器上部署 Dovecot 服务，实现邮件服务的部署。

Dovecot 作为一个开源的 IMAP 和 POP3 邮件服务器，部署它需要以下几个步骤。

（1）在邮件服务器上安装 Dovecot 服务。

（2）修改 Dovecot 配置文件。

▶ 任务实施

（1）使用【yum】命令安装 Dovecot 服务。代码如下：

```
[root@mail ~]# yum -y install dovecot
```

（2）对 Dovecot 服务的配置文件进行修改。代码如下：

```
[root@mail ~]# vim /etc/dovecot/dovecot.conf
Listen = *
```

备注：Listen = * #监听已连接的 IP 地址，* 表示所有的 IPv4 地址，[::] 表示所有的 IPv6 地址。

（3）修改 Dovecot 服务的认证方式。代码如下：

```
[root@mail ~]# vim /etc/dovecot/conf.d/10-auth.conf
disable_plaintext_auth = no   # 允许明文密码验证，不然账户连接不上
auth_mechanisms = plain login # 自身认证
```

（4）修改邮件的存储路径。代码如下：

```
[root@mail ~]# vim /etc/dovecot/conf.d/10-mail.conf
mail_location = maildir:~/Maildir  #用户的邮件目录位置，这里使用 Maildir 方式存储
```

（5）由于邮件服务器使用 TLS 协议，所有在不加密的情况下需要禁用 ssl 请求，修改
10-ssl.conf 配置文件，代码如下：

```
[root@mail ~]# vim /etc/dovecot/conf.d/10-ssl.conf
ssl = no
```

（6）配置文件修改完成后，重启 Dovecot 服务，设置服务为开机自动启动后，查看服务状态。代码如下：

```
[root@mail ~]# systemctl start dovecot
[root@mail ~]# systemctl enable dovecot.service
```

```
[root@mail ~]# systemctl status dovecot
● dovecot.service - Dovecot IMAP/POP3 email server
   Loaded: loaded (/usr/lib/systemd/system/dovecot.service; enabled; vendor preset:
disabled)
   Active: active (running) since Tue 2021-12-28 17:24:07 CST; 2s ago
     Docs: man:dovecot(1)
           http://wiki2.dovecot.org/
  Process: 13202 ExecStartPre=/usr/libexec/dovecot/prestartscript (code=exited,
status=0/SUCC>
 Main PID: 13208 (dovecot)
    Tasks: 4
   Memory: 2.5M
   CGroup: /system.slice/dovecot.service
           ├──13208 /usr/sbin/dovecot -F
           ├──13211 dovecot/anvil
           ├──13212 dovecot/log
           └──13213 dovecot/config
【... 省略以下输出 ...】
```

（7）查看 Dovecot 服务监听的端口。代码如下：

```
[root@mail ~]# ss -lntp | grep dovecot
LISTEN     0          100                      0.0.0.0:110              0.0.0.0:*
users:(("dovecot",pid=13208,fd=23))
LISTEN     0          100                      0.0.0.0:143              0.0.0.0:*
users:(("dovecot",pid=13208,fd=39))
```

```
LISTEN      0        100              0.0.0.0:993          0.0.0.0:*
users:(("dovecot",pid=13208,fd=40))
LISTEN      0        100              0.0.0.0:995          0.0.0.0:*
users:(("dovecot",pid=13208,fd=24))
```

▶ 任务验证

使用【telent】命令连接 Dovecot 邮件服务器的 110 端口，输入 POP3 操作命令，以 mail-1 用户的身份去查看邮件的内容。代码如下：

```
[root@mail ~]# telnet mail.jan16.cn 110 # 域名
Trying 192.168.1.1...
Connected to mail.jan16.cn.
Escape character is' ^]'.
+OK Dovecot ready.
user mail-1 # 指定用户名称
+OK
pass jan16@123 # 指定密码
+OK Logged in.
List # 查看邮件列表
+OK 1 messages:
1 402
.
retr 1 # 查看第一封邮件，下面为邮件的详细信息，来自哪里去往哪里，邮件的内容
+OK 402 octets
Return-Path: <root@jan16.cn>
X-Original-To: mail-1
Delivered-To: mail-1@jan16.cn
Received: from localhost (localhost [IPv6:::1])
        by mail.jan16.cn (Postfix) with ESMTP id 22D101310FA8
        for <mail-1>; Tue, 28 Dec 2021 16:48:53 +0800 (CST)
Message-Id: <20211228084902.22D101310FA8@mail.jan16.cn>
Date: Tue, 28 Dec 2021 16:48:53 +0800 (CST)
From: root@jan16.cn

This is test mail

.
quit # 退出
+OK Logging out.
Connection closed by foreign host.
```

任务 11-3　申请邮件域名的主机记录

任务 11-3　申请邮件域名的主机记录

▶ 任务规划

根据公司邮件服务网络拓扑规划，在公司 DNS 服务器的 dns.jan16.cn 域名中添加主机记录，使邮件客户端可以正常解析域名需要申请的主机记录，如表 11-7 所示。

表 11-7　需要申请的主机记录

主机记录	记录类型	MX 优先级	记录值
@	MX	10	mail.jan16.cn
imap	A		192.168.1.13
smtp	A		192.168.1.13
mail	A		192.168.1.13

▶ 任务实施

在 DNS 服务器上参考项目 7 完成 DNS 服务器的搭建，并创建 jan16.cn 区域，添加邮件服务器地址的解析条目，代码如下：

```
[root@DNS ~]# vim /var/named/jan16.cn.zone
$TTL 1D
@      IN SOA @ root.jan16.cn. (
                          0       ; serial
                          1D      ; refresh
                          1H      ; retry
                          1W      ; expire
                          3H )    ; minimum
       NS      dns.jan16.cn.
@      MX 10 mail.jan16.cn.
dns A 192.168.1.254
imap A 192.168.1.13
smtp A 192.168.1.13
mail A 192.168.1.13
```

▶ 任务验证

（1）在客户端 PC1 上配置 IP 地址，将 DNS 地址指向 192.168.1.254，代码如下：

```
[root@PC1 ~]# nmcli connection modify ens192 ipv4.addresses 192.168.1.100/24
ipv4.gateway 192.168.1.254 ipv4.dns 192.168.1.254 ipv4.method manual autoconnect
yes
```

（2）使用【yum】命令下载邮件客户端软件雷鸟（Thunderbird），代码如下：

```
[root@PC1 ~]# yum -y install thunderbird
```

（3）在客户端 PC1 上打开雷鸟邮件客户端窗口，如图 11-3 所示。

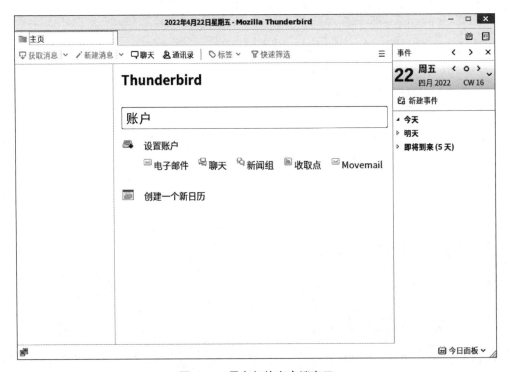

图 11-3　雷鸟邮件客户端窗口

（4）在设置账户界面内填写已创建的邮件账户 mail-1 和 mail-2，需要填写的内容包括全名、邮件地址和账户密码。填写完成后，单击【继续】按钮，自定义配置邮件服务器的地址，如图 11-4 所示。（此处以 mail-1 账户为例）

（5）在设置项中，需要填写邮件服务器接收端和发出端对应的参数，如协议、服务器主机名、端口、SSL、身份验证等，填写内容如图 11-5 所示。配置完成后，单击【完成】按钮。

图 11-4　设置现有的电子邮件账户

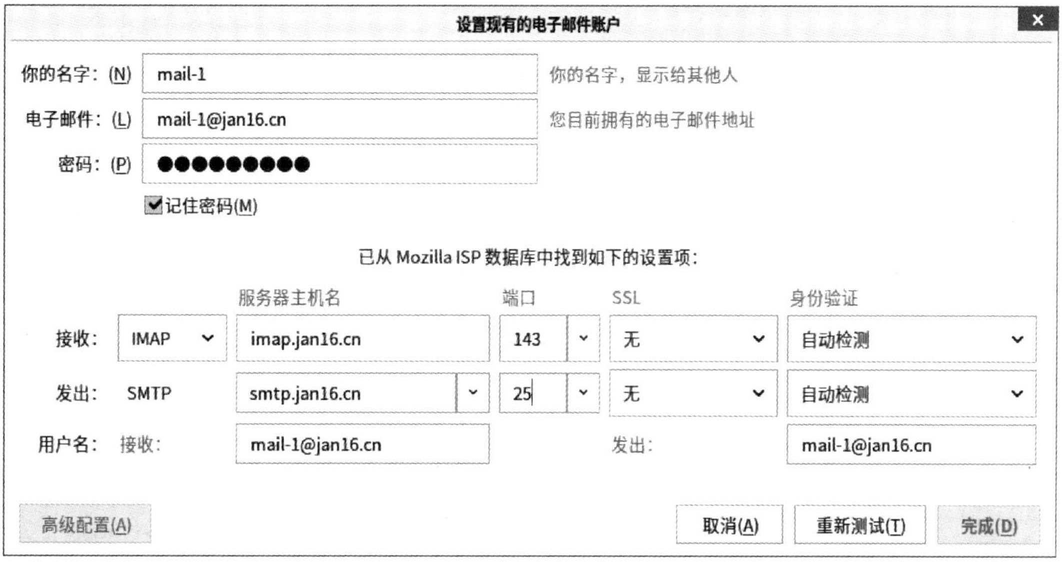

图 11-5　填写设置项的参数

（6）此时将会弹出警告界面，提示邮件服务器没有使用加密协议。勾选下方的【我已了解相关风险】复选框，并单击【完成】按钮，如图 11-6 所示。

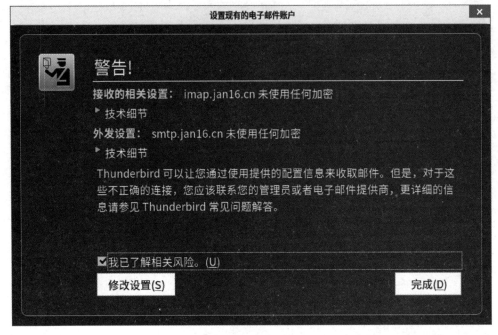

图 11-6　警告界面

（7）按照步骤（4）~（6），添加第二个邮件账户 mail-2。结果如图 11-7 所示。

图 11-7　添加 mail-2 邮件账户

（8）使用账户 mail-1 发送邮件给账户 mail-2，如图 11-8 所示。

图 11-8 使用 mail-1 发送邮件

（9）使用账户 mail-2 接收邮件，结果如图 11-9 所示。

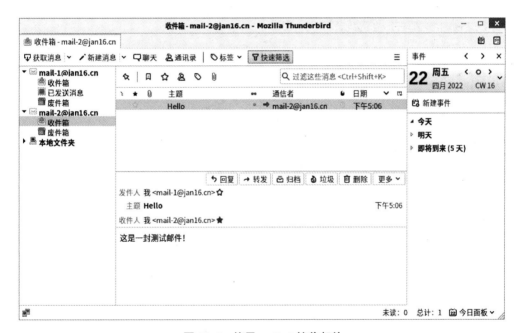

图 11-9 使用 mail-2 接收邮件

（10）测试结果表明，邮件服务器已经具备了接收邮件和发送邮件的功能，邮件服务部署完成。

一、理论习题

1. 以下哪个不是电子邮件系统的三个组件（　　　）。

A. POP3 电子邮件客户端　　　　　　　　B. POP3 服务

C. SMTP 服务　　　　　　　　　　　　　D. FTP 服务

2. （　　　）协议，把邮件从发信人的邮件服务器传送到收信人的邮件服务器中。

A. SMTP　　　　B. POP3　　　　C. DNS　　　　D. FTP

3. SMTP 服务的端口号是（　　　）。

A. 20　　　　B. 25　　　　C. 22　　　　D. 21

4. POP3 服务的端口号是（　　　）。

A. 120　　　　B. 25　　　　C. 110　　　　D. 21

5. 以下哪个是邮件服务器软件（　　　）。

A. Postfix　　　　　　　　　　　　B. FTP

C. DNS　　　　　　　　　　　　　D. DHCP

二、项目实训题

1. 项目背景与需求

Jan161 公司为解决与客户沟通时统一使用公司的邮件地址的问题，近期采购了一套邮件服务器软件，邮件服务网络拓扑如图 11-10 所示。

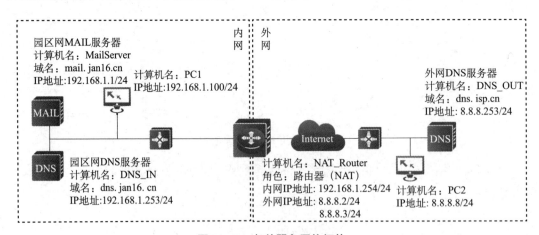

图 11-10　邮件服务网络拓扑

公司希望网络管理员尽快完成公司邮件服务的部署，具体需求如下：

（1）邮件服务器使用 Postfix 和 Dovecot 软件部署，需满足客户通过 Thunderbird 软件访问。

（2）公司路由器需要将邮件服务器映射到外网中，映射信息如表 11-8 所示。

表 11-8　NAT 需求映射表

源 IP 地址 : 端口号	外网 IP 地址 : 端口号
192.168.1.1:25	8.8.8.2:25
192.168.1.1:110	8.8.8.2:110

（3）园区网 DNS 服务器负责解析 Jan161 公司内计算机域名和外网域名，网络管理员需要完成邮件服务器和 DNS 服务器域名的注册。

（4）外网 DNS 服务器负责解析外网域名，在本项目中仅需要实现外网域名 dns.isp.cn 和 Jan161 公司邮件服务器的解析，网络管理员需要按项目需求完成相关域名的注册。

2. 项目实施要求

（1）根据项目背景，补充表 11-9~ 表 11-13 的相关信息。

表 11-9　园区网 MAIL 服务器的 IP 信息规划表

计算机名	
IP 地址	
网关	
DNS 地址	

表 11-10　园区网 DNS 服务器的 IP 信息规划表

计算机名	
IP 地址	
网关	
DNS 地址	

表 11-11　内网 PC1 的 IP 信息规划表

计算机名	
IP 地址 / 子网掩码	
网关	
DNS	

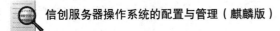

表 11-12　外网 DNS 服务器的 IP 信息规划表

计算机名	
IP 地址	
网关	
DNS 地址	

表 11-13　外网 PC2 的 IP 信息规划表

计算机名	
IP 地址	
网关	
DNS 地址	

（2）根据项目的要求，完成计算机的互联互通，并截取以下命令运行结果。

①在 PC1 的命令行界面中运行【 ping dns.isp.cn 】的结果。

③在 PC1 的命令行界面中运行【 ping mail.jan16.cn 】的结果。

②在 PC2 的命令行界面中运行【 ping mail.jan16.cn 】的结果。

（3）在邮件服务器上创建两个账户 jack 和 tom，并截取以下命令运行结果。

①在 PC1 上使用 Thunderbird 软件登录 jack 邮箱账户，并发送一封邮件给 tom，邮件主题和内容均为【班级＋学号＋姓名】，截取发送成功后的页面截图。

②在 PC2 上使用 Thunderbird 软件登录 tom 邮箱账户，收取邮件后，回复一封邮件给 jack，内容为【邮件服务测试成功】。

（4）在路由器 NAT_Router 的外网接口上，查看地址映射结果，并截图。

项目 12　部署 Kylin 系统服务器防火墙

[学习目标]

（1）了解 Kylin 系统服务器在网关 / 路由中的应用场景。

（2）掌握数据流量过滤型防火墙的工作原理与配置。

（3）了解企业生产环境下部署 Kylin 系统防火墙的基本规范和职业素养。

 项目描述

Jan16 公司最近上线一台 Kylin 系统的服务器，规划将这台服务器作为公司网络入口的路由器角色。路由器作为内外网交汇点，容易遭受到外网甚至是内网的攻击，造成网络瘫痪、业务停滞等后果，因此 Jan16 公司规划在服务器上部署路由服务，为 Jan16 内外网互联互通提供基础，同时启用防火墙防护功能对内外网的流量进行过滤，按需开放访问，提高公司网络的安全性。根据调研，目前公司网络访问需求主要有如下几点。

（1）公司向运营商申请了一个公网 IP 地址为 202.96.128.201/28，公司内部网络可以通过路由器 NAT 技术转换为公网地址后访问外部网络。

（2）公司内部设置 DMZ 非军事化区用于管理公司对外业务的服务器（如 Web 服务器），内部网络可以访问 DMZ 区，DMZ 区访问内网有限制。

（3）外部网络的客户端仅允许访问 DMZ 区开放的端口，不能访问内网其他主机。

公司网络拓扑如图 12-1 所示。

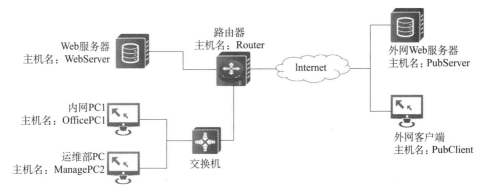

图 12-1　公司网络拓扑

网络拓扑中各设备配置信息如表 12-1 所示。

表 12-1　设备配置信息表

设备名	角色	主机名	接口	IP 地址	网关
JX3270	路由器	Router	ens33	202.96.128.201/28	
			ens37	172.16.100.254/24	
			ens38	192.168.1.254/24	
JX3271	Web 服务器	WebServer	ens33	172.16.100.201/24	172.16.100.254
JX5361	内网 PC1	OfficePC1	ens33	192.168.1.201/24	192.168.1.254
JX5362	运维部 PC	ManagePC2	ens33	192.168.1.202/24	192.168.1.254
PS3320	外网 Web 服务器	PubServer	ens33	202.96.128.202/28	
PC5360	外网客户端	PubClient	ens33	202.96.128.203/28	

项目分析

根据公司网络访问需求和网络拓扑结构，网络管理员需要在 Router 路由器上配置防火墙规则，用于内外网数据流量的过滤和控制数据流量的转发。需要实现如下几点：

（1）实现公司内部网络的互联互通。

（2）在 Router 路由器连接 Internet 接口的出方向上进行配置，实现内部网络的流量做 NAT 地址转换。

（3）在 Router 路由器连接 Internet 接口的入方向上进行配置，禁止外网访问服务器。

（4）仅允许 IP 地址为 192.168.1.202/24 的运维部 PC 通过 SSH 访问 Router 路由器。

（5）在 Router 路由器上划分 DMZ 区并在区中设置通过 Web 服务器端口流量的防火墙规则。

（6）禁止内网客户端与 Web 服务器的 ICMP 通信。

为了项目顺利实施，网络管理员规划了如表 12-2 所示的内容。

表 12-2　服务器接口对应区域规划

设备名	主机名	接口	划分区域	区域用途
JX3270	Router	ens33	external	外部区域
		ens37	dmz	隔离区域
		ens38	trusted	受信区域

综上，在本项目中主要有如下几项任务。

（1）配置 NAT 地址转换，实现公司内外网互联互通。

（2）配置防火墙规则，实现内外网流量的访问控制。

 相关知识

12.1　防火墙的类型

从功能逻辑分类，防火墙可以分为主机防火墙和网络防火墙。

主机防火墙：针对本地主机接收或发送的数据包进行过滤。（操作对象为个体）

网络防火墙：处于网络边缘，对网络入口的数据包进行转发和过滤。（操作对象为整体）

从物理形式上分类，防火墙可以分为硬件防火墙和软件防火墙。

硬件防火墙：专有的硬件防火墙设备，如华为硬件防火墙，功能强大、性能好，但成本较高。

软件防火墙：通过系统软件实现防火墙的功能，如 Linux 内核集成的数据包处理模块实现防火墙功能，定制自由度高，性能受服务器硬件和系统影响，部署成本较低。

12.2　Netfilter

Netfilter 是 Linux 内核中的一个软件框架，用于管理网络数据包。不仅具有网络地址转换（NAT）的功能，还具备数据包内容修改及数据包过滤等防火墙功能。利用运行于用户空间的应用软件，如 iptables、ebtables 和 arptables 等，来控制 Netfilter，系统管理员就可以管理 Linux 系统下的各种网络数据包。

12.3　iptables

这里指 iptables 及其家族（iptables，ip6tables，arptables，ebtables，ipset），即操作 Netfilter 的用户空间软件。

12.4　firewalld

firewalld 位于前端，iptables 或 nftables 运行在后端；iptables 或 nftables 操作 Netfilter。老版本的 firewalld 使用 iptables 作为后端，新版本的 firewalld 使用 nftables 作为后端。

当前 firewalld 通过 nft 程序直接与 nftables 交互，在将来的发行版本中，将通过

使用新创建的 libnftables 进一步改善与 nftables 的交互。firewalld 工作流程框架图如图 12-2 所示。

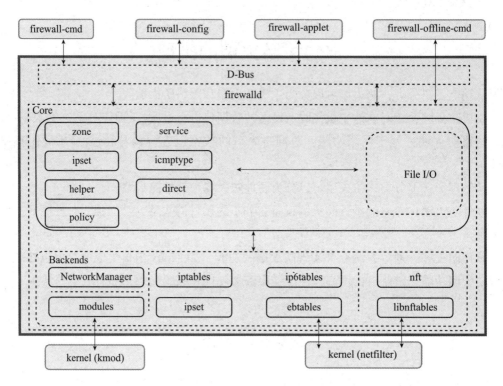

图 12-2　firewalld 工作流程框架图

 项目实施

任务 12-1　配置 NAT 地址转换

▶ 任务规划

　　根据规划，网络管理员需要在 Router 路由器上配置防火墙，利用 NAT 地址转换技术实现内网客户端能正常访问外网。本任务步骤如下所示。

（1）开启服务器的防火墙服务。

（2）划分服务器接口到对应的防火墙区域中。

（3）配置 NAT 地址转换。

（4）重载防火墙配置。

▶ 任务实施

1. 开启服务器的防火墙服务

（1）服务器初始化时已经设置为防火墙服务默认开机自动启动，使用【systemctl】命令检查防火墙服务状态。代码如下：

```
[root@Router ~]# systemctl status firewalld
● firewalld.service - firewalld - dynamic firewall daemon
  Loaded: loaded (/usr/lib/systemd/system/firewalld.service; enabled; vendor p>
  Active: active (running) since Tue 2021-12-28 15:54:48 CST; 13min ago
    Docs: man:firewalld(1)
 Main PID: 970 (firewalld)
   Tasks: 2
  Memory: 28.2M
  CGroup: /system.slice/firewalld.service
          └─970 /usr/bin/python3 /usr/sbin/firewalld --nofork -nopid
...
```

（2）如果防火墙服务没有开启，就需要启用防火墙服务并设置为默认开机自动启动。代码如下：

```
[root@Router ~]# systemctl start firewalld
[root@Router ~]# systemctl enable firewalld
```

2. 划分服务器接口到对应的防火墙区域中

在默认情况下，服务器所有网络接口都划分为 public 区域，因此根据规划，需要使用【firewall-cmd】命令将 Router 服务器的三个接口划分到防火墙的区域中。代码如下：

```
[root@Router ~]# firewall-cmd --change-interface=ens33 --zone=external
--permanent
[root@Router ~]# firewall-cmd --change-interface=ens37 --zone=dmz --permanent
[root@Router ~]# firewall-cmd --change-interface=ens38 --zone=trusted --permanent
```

3. 配置 NAT 地址转换

（1）关闭防火墙 external 区域默认的 IP 地址伪装功能。代码如下：

```
[root@Router ~]# firewall-cmd --zone=external --remove-masquerade
```

（2）设置防火墙仅转换 192.168.1.0/24 网段的多个地址共享单一的公网地址上网。代码如下：

```
[root@Router~]# firewall-cmd --zone=external --add-rich-rule='rule family=ipv4
source address=192.168.1.0/24 masquerade' --permanent
```

4. 重载防火墙配置

由于在配置时使用了【--permanent】选项，防火墙的配置不会立即生效，因此配置完成后应重新载入一次防火墙的配置。代码如下：

```
[root@Router ~]# firewall-cmd --reload
```

▶ 任务验证

（1）在内网 PC1 上通过【ping】命令测试内网 PC1 与 Web 服务器的通信情况，结果应为可以 ping 通。代码如下：

```
[root@OfficePC1 ~]# ping  -c 4 172.16.100.201
PING 172.16.100.201 (172.16.100.201) 56(84) bytes of data.
64 bytes from 172.16.100.201: icmp_seq=1 ttl=63 time=0.838 ms
64 bytes from 172.16.100.201: icmp_seq=2 ttl=63 time=0.842 ms
64 bytes from 172.16.100.201: icmp_seq=3 ttl=63 time=0.862 ms
64 bytes from 172.16.100.201: icmp_seq=4 ttl=63 time=0.770 ms

--- 172.16.100.201 ping statistics ---
4 packets transmitted, 4 received, 0% packet loss, time 3074ms
rtt min/avg/max/mdev = 0.770/0.828/0.862/0.034 ms
```

（2）在内网 PC1 上使用【ping -c 4 202.96.128.202】命令测试内网与外网之间的连通性，显示结果应为可以 ping 通。代码如下：

```
[root@OfficePC1 ~]# ping -c 4 202.96.128.202
PING 202.96.128.202 (202.96.128.202) 56(84) bytes of data.
64 bytes from 202.96.128.202: icmp_seq=1 ttl=63 time=0.771 ms
64 bytes from 202.96.128.202: icmp_seq=2 ttl=63 time=0.878 ms
64 bytes from 202.96.128.202: icmp_seq=3 ttl=63 time=0.746 ms
64 bytes from 202.96.128.202: icmp_seq=4 ttl=63 time=0.863 ms

--- 202.96.128.202 ping statistics ---
4 packets transmitted, 4 received, 0% packet loss, time 3021ms
rtt min/avg/max/mdev = 0.746/0.814/0.878/0.056 ms
```

扫一扫，
看微课

任务 12-2　配置防火墙
规则

任务 12-2　配置防火墙规则

▶ 任务规划

在配置完成 NAT 地址转换后，局域网内的客户端即可访问外网了，接下来网络管理员需要按照局域网内的访问限制要求配置防火墙规则。本任务步骤如下所示。

（1）配置 external 区域规则，禁止从外网进行 ping 通信和 SSH 远程登录。

（2）配置 dmz 区域规则，开放 Web 服务的访问，限制 dmz 区域主机访问内网，禁止 ping 通信和其他所有访问请求。

（3）配置 trusted 区域规则，仅允许来源为 192.168.1.202/24 的主机进行 SSH 远程登录。

（4）重载防火墙配置。

▶ 任务实施

1. 配置 external 区域规则

（1）通过【firewall-cmd】命令设置防火墙禁止从外网进入的 ping 通信流量。代码如下：

```
[root@Router ~]# firewall-cmd --zone=external --add-icmp-block=echo-request
--permanent
```

（2）通过【firewall-cmd】命令设置防火墙禁止从外网进入的 SSH 远程登录。代码如下：

```
[root@Router ~]# firewall-cmd --zone=external --remove-service=ssh --permanent
```

（3）通过【firewall-cmd】命令在 external 区域添加端口转发规则，将从外网访问防火墙的 80 端口的请求转发到 172.16.100.201。代码如下：

```
[root@Router ~]# firewall-cmd --zone=external --add-forward-port=port=80:proto=t
cp:toaddr=172.16.100.201 --permanent
```

2. 配置 dmz 区域规则

（1）通过【firewall-cmd】命令设置允许 Web 服务的访问。代码如下：

```
[root@Router ~]# firewall-cmd --zone=dmz --add-service=http --permanent
```

（2）通过【firewall-cmd】命令设置 dmz 区域禁止 ping 通信。代码如下：

```
[root@Router ~]# firewall-cmd --zone=dmz --add-icmp-block=echo-request
--permanent
```

（3）通过【firewall-cmd】命令设置防火墙禁止从 dmz 区域进行 SSH 远程登录访问。代码如下：

```
[root@Router ~]# firewall-cmd --zone=dmz --remove-service=ssh --permanent
```

（4）通过【firewall-cmd】命令将 dmz 区域 target 设置为 REJECT，禁止其他访问请求。代码如下：

```
[root@Router ~]# firewall-cmd --zone=dmz --set-target=REJECT --permanent
```

3. 配置 trusted 区域规则

（1）通过【firewall-cmd】命令设置 trusted 区域仅允许来自 192.168.1.202 的主机进行 SSH 远程登录。代码如下：

```
[root@Router ~]# firewall-cmd --zone=trusted --add-rich-rule="rule family="ipv4"
source address="192.168.1.202/24" service name="ssh" accept --permanent
```

（2）通过【firewall-cmd】命令移除开放的 SSH 服务，表示禁止所有其他 SSH 远程登录访问。代码如下：

```
[root@Router ~]# firewall-cmd --zone=trusted --remove-service=ssh --permanent
```

4. 重载防火墙配置

配置完成后重新载入防火墙的配置，让防火墙的配置立即生效。代码如下：

```
[root@Router ~]# firewall-cmd --reload
```

▶ 任务验证

（1）在内网 PC1 上通过【curl 172.16.100.201】命令能成功访问 Web 服务器的 http 服务。

```
[root@OfficePC1 ~]# curl 172.16.100.201
The Internal Web Site
```

（2）在运维部 PC 上使用【ssh 192.168.1.254】命令可以远程登录访问 Router 路由器，

而在内网其他客户端上无法进行 SSH 远程登录访问。代码如下：

```
[root@ManagePC2 ~]# ssh 192.168.1.254
root@192.168.1.254's password:
Last login: Thu Dec 30 14:13:19 2021

[root@OfficePC1 ~]# ssh 192.168.1.254
ssh: connect to host 192.168.1.254 port 22: No route to host
```

（3）在 Web 服务器上尝试 ping 内网 PC1，显示无法 ping 通。代码如下：

```
[root@WebServer ~]# ping -c 4 192.168.1.201
PING 192.168.1.201 (192.168.1.201) 56(84) bytes of data.
From 172.16.100.254 icmp_seq=1 Destination Host Prohibited
From 172.16.100.254 icmp_seq=2 Destination Host Prohibited
From 172.16.100.254 icmp_seq=3 Destination Host Prohibited
From 172.16.100.254 icmp_seq=4 Destination Host Prohibited


--- 192.168.1.201 ping statistics ---
4 packets transmitted, 0 received, +4 errors, 100% packet loss, time 3070ms
```

（4）外网客户端 PubClient 访问 Router 的 http 服务被转发到 Web 服务器。代码如下：

```
[root@PubClient ~]# curl  202.96.128.201
The Internal Web Site
```

练 习 与 实 践

一、理论习题

（1）简述防火墙的分类及作用。

（2）阐述 iptables 与 firewalld 的区别与联系。

（3）在 Kylin 系统中 firewalld 默认有几种 zone，各自的应用场景是什么？

（4）有哪些客户端工具可以配置 firewalld 防火墙规则？

（5）允许访问服务器的 http 服务的 firewalld 防火墙规则有几种写法？

二、项目实训题

通过配置 Router01 和 Router02 上的 firewalld 防火墙，使用 PubClient 能访问 WebServer 上的 http 服务。公司设备信息如表 12-3 所示，公司网络拓扑如图 12-3 所示。

表 12-3 公司设备信息表

设备名	主机名	网络地址	角 色
JX3270	Router01	ens33 IP 地址 :202.96.128.201/28 ens37 IP 地址 :172.16.100.254/24	防火墙
JX3271	WebServer	ens33 IP 地址 :172.16.100.201/24 ens33 GATEWAY:172.16.100.254	内网服务器
JX3272	Router02	ens33 IP 地址 :202.96.128.202/28 ens37 IP 地址： 192.168.1.254/24	网关
PC5360	PubClient	ens33 IP 地址 :192.168.1.201/24 ens33 GATEWAY:192.168.1.254	外网客户端

内网服务器　　路由器（网关）　　　　　　　　　路由器（防火墙）　　外网客户端
主机名：WebServer　主机名：Router02　　　　　主机名：Router01　主机名：PubClient

图 12-3 公司网络拓扑

要求如下：

（1）PubClient 能通过 NAT 地址转换技术访问 WebServer，将结果截图。

（2）在 Router02 上使用防火墙技术将所有从外网访问自身 80 端口的流量转发至 WebServer，将结果截图。

（3）设置 WebServer 不能访问外网，将结果截图。